云计算技术应用
与数据管理

戴 红 曹 梅 连国华◎著

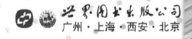
世界图书出版公司

广州·上海·西安·北京

图书在版编目（CIP）数据

云计算技术应用与数据管理 / 戴红，曹梅，连国华
著．-- 广州：世界图书出版广东有限公司，2019.12
ISBN 978-7-5192-7078-0

Ⅰ．①云… Ⅱ．①戴… ②曹… ③连… Ⅲ．①云计算
②数据管理 Ⅳ．① TP393.027 ② TP274

中国版本图书馆 CIP 数据核字（2019）第 277055 号

书　　　名	云计算技术应用与数据管理	
	YUNJISUAN JISHU YINGYONG YU SHUJU GUANLI	
著　　　者	戴 红 曹 梅 连国华	
责 任 编 辑	刘正武　曹桔方	
装 帧 设 计	梁浩飞	
责 任 技 编	刘上锦	
出 版 发 行	世界图书出版广东有限公司	
地　　　址	广州市新港西路大江冲 25 号	
邮　　　编	510300	
电　　　话	020-84451969　84453623	
网　　　址	http://www.gdst.com.cn	
邮　　　箱	wpc_gdst@163.com	
经　　　销	各地新华书店	
印　　　刷	广州市迪桦彩印有限公司	
开　　　本	787mm × 1092 mm　1/16	
印　　　张	10.25	
字　　　数	186 千字	
版　　　次	2019 年 12 月第 1 版　　2019 年 12 月第 1 次印刷	
国 际 书 号	ISBN 978-7-5192-7078-0	
定　　　价	39.80 元	

前　言
PREFACE

　　云计算技术涉及的技术门类非常多，有关于通信、存储、计算方面的，也有关于资源管理、计费等方面的。因此，被广泛应用于生活。它是计算机科学和互联网技术发展的产物，也是引领未来信息产业创新的关键战略性技术和手段。近年来，人们对云计算技术的关注度越来越高。从某种意义上讲，云计算技术不仅是技术层面的创新，还是服务模式上的创新，它使得IT服务更加便捷、易取。随着云计算技术的发展，云计算逐渐渗透到了人们生活、工作中的各个角落，满足了人们的各种需求。云计算技术所独有的特性改变了IT的传统使用模式，标志着未来信息化向节约、灵活、可控的方向发展，其应用价值不言而喻。云计算开创了软件即服务、平台即服务、基础设施即服务等全新服务模式，不仅给全球信息产业创造了深远的变革机会，同时也给工业等传统产业带来了新的发展机遇。随着网络时代的发展和完善，计算机也随之越来越广泛地走进人们的生活和学习中，而云计算技术的应用与发展又给人们创造了更便捷的数据储存、管理及共享交流的模式与平台。

　　提到云计算技术当前所面临的一些问题，数据管理可能首当其冲。因为现在的用户更多的是通过计算机系统来获得相应的IT技术服务，所以在进行系统的构建过程当中，我们就需要考虑到主机安全、系统安全，以及网络安全等众多安全问题。目前，云计算技术在安全问题上已经有了长足的进步，但仍旧存在着一些不足之处。当前，我们生活在一个大数据的时代，从各种渠道而来的数据以几何级数的速度增长，更多的数据需要保存更长的时间。伴随着云计算技术的发展，云计算已经成为一种全新的互联网应用模式。云计算对海量的数据高效管理，云端数据精准快速查询已越来越受到关注。基于以上现状，本书除对云计算技术应用与数据管理及相关问题进行举例说明之外，还对一些问题进行了研究分析，并提出了相应建议。由于时间、水平有限，书中难免有疏漏之处，恳请广大读者批评指正。

目 录
CONTENTS

第一章 科学数据管理的分析

第一节 科学数据管理的理论体系

虽然科学数据并非数字化科研之后才出现的，同时它也并非仅仅是数字化科研所特有的产物，但毋庸置疑的是，在数字化科研背景下，科学数据自身及科学数据管理都在发生翻天覆地的变化。一方面，科学数据管理环境，即科学数据管理宏观层面不涉及管理细节和管理流程，仅考虑与科学数据管理相关的外在因素，即科学数据管理实施的支撑系统；另一方面，科学数据管理过程，即科学管理微观层面研究管理过程中的各个环节之间的关系等。宏观层面和微观层面互为表里，外在的宏观层面因素可以通过微观层面各环节得以体现，内在的微观层面则需要宏观层面各因素的支持。

一、科学数据管理环境

实现更大程度和范围的共享，从而推动科研发展，这就是科学数据管理的目的。为促进科学数据共享，国家科学数据管理公共政策、国家或科学团体层面共享机制的实践、科学数据出版、科学数据管理人力资源等要素从不同角度共同构建科学数据管理体系。

（一）科学数据的信息政策

公共数据的一部分就包括科学数据，对一个国家而言，科学数据管理政策属于国家信息政策范畴，与一般意义的国家信息政策一致。科学数据管理涉及对国家层面科学数据的控制，对国家研究与发展的支持和对国家信息基础设施的投资。

科学数据管理与一般意义的信息政策不同之处在于，它虽然也涉及单个要素与层次之间，以及各个层次之间的互动等，但因为信息是作为资源直接进入产业层次，通过促进信息流的畅通运行以推动经济发展，这是信息政策指向独特性的根本表现。科学数据共享与信息资源内在的经济学意义不同，它在本质上的学术意义更重，更侧重于如何促进科研发展，尽管其共享程度与信息政策中所规范的信息流动自由程度相对应，但其作用更侧重于对科学发展的影响，对经济的作用则是次要和间接的。因此，与一般意义上信息政策所构建的信息资源管理宏观层面有所不同，就科学数据本身来看，其管理体系在层次上与莫尔的信息政策模型涉及的三个层面和五个要素相比，也有相当程度的不同。

（二）科学数据的共享体系

在科学数据管理体系的宏观层面，其主体是以国家、专门机构、特定学科共同组织和推动的科学数据共享的实现，还包括所涉及的关键技术与科学数据管理框架等。

1. 建设标准规范

作为科技资料的一部分，科学数据是实现一国科技水平及综合国力提升战略的重要保障条件。为此，各国均在国家层面建立"国有"科学数据的共享机制，并配备相应的管理、监督、保障和评估体系，其主要目的是通过政策引导和法规制约、国家层面投资，广泛收集和保存科学数据，建立网络平台推动科学数据共享。国家层面科学数据管理标准规范实施内容主要包括以下几个方面：

其一，相关政府部门发布文件进行推动和促进，明确科学数据的重点支持方向等，包括研究与制定科学数据相关标准。

其二，制定管理规范是保障科学数据采集、共享与服务的基本保障机制，如科学数据的"保密性管理机制""完全与开放机制""市场管理机制"等，也包括对私营公司投资进行与科学数据相关的运营的市场化管理。这些管理规范在保证科学数据共享的同时，也保护了数据拥有者、利用者、投资者等各个利益相关者的权益。现今，为进一步加强和规范科学数据管理，保障科学数据安全，提升开放共享水平，更好地支撑国家科技创新、经济社会发展和国家安全，我国政府部门根据《中华人民共和国科学技术进步法》《中华人民共和国促进科技成果转化法》和《政务信息资源共享管理暂行办法》等规定，制定了《科学数据管理办法》。该办法所称的科学数据主要包括在自然科学、工程技术科学等领域，通过基础研究、应用研究、试验开发等产生的数据，以及通过观测监测、考察调查、检验检测等方法取得，并用于科学研究活动的原始数据及其衍生数据。科学数据管理遵循分级管理、安全可控、充分利用的原则，明确责任主体，加强能力建设，促进开放共享。任何单位和个人从事科学数据采集生产、使用、管理活动应当遵守国家有关法律法规及部门规章，不可以利用科学数据从事危害国家安全、社会公共利益和他人合法权益的活动。《科学数据管理办法》的制定，为科学数据的安全提供了一份有力的保障。

其三，实施科学数据共享的前提就是标准，特别是通过科学数据管理促进共享的国家层面信息基础设施建设。因此，通过对标准规范的研究，建立科学数据共享过程中的各类标准与技术规范，形成共享标准体系是实现科学数据管理的基本条件。其具体方式包括科学管理操作过程与共享活动的技术规范与标准；元数据的采集与应用标准；科学数据分类与编码标准，以及重点反映具体数据特征及其共享需求的专用相关标准等。

国家层面是以共享为目的，通过发布文件和制定管理规范与标准规范等，构建了科学数据管理完整的框架体系。政策有利于确定高校科学数据管理的大环境，同时也有利于高校针对科学数据管理规定的确立；标准包括技术标准如共享平台接口等，以及元数据标准等，以上做法均可为高校科学数据平台建设或信息组织标准提高借鉴或直接运用。

2. 特定学科的科学数据管理行为

通用标准为科学数据管理及共享提供一定的保障，但通用标准往往只提供定义体系，针对特定学科，如地球科学等，则需要根据通用标准制定专用标准以满足特定领域的需要。尽管随着科学的不断发展，不同学科之间的交叉日益增多，不同学科之间的交流日趋频繁，但学科之间的差异性和壁垒依然存在，这在科学数据方面体现得尤其明显。体现在数据的异构性方面，如地震科学的研究中，研究人员常常通过遥感影像、航空照片，以及转换为矢量图、栅格图等形式描述地貌川；地球科学研究中，对于空间数据的描述，基本模型包括点、线、面、基本单元，则是图层，数据管理往往通过商用的地理信息系统（geographic information system，简称 GIS）软件，如 MapInfo（它的含义是 mapping+information，即地图对象＋属性数据）等；农业科学中，如果需要描述一个土壤剖面湿度状况，那么其科学数据往往采用表格形式；社会科学研究中，如经济学往往通过统计产品与服务解决方案（statistical product and service solutions，简称 SPSS）软件等对数据进行分析等。这些特定学科的数据管理需要在分析其数据特征的基础上，结合数据中心的建设实践，进行包括元数据、分类与编码、数据内容等方面在内的各个涉及特定学科数据管理特征的研究。通用标准下的科学数据管理需要不断完善，特定学科的研究实践为科学数据提供了得以优化的基础。

3.专门机构的科学数据管理行为

西部数据（western digital corporation，简称WDC）是科学数据管理的国际专门机构，所倡导的科学数据开放和共享的观念和做法在全球范围内影响巨大。除实施越来越多的学科领域的科学数据采集与服务工作之外，WDC还承担这些数据的长期保存与交换等工作。WDC有专门的学科数据中心和国家中心。WDC的这些工作影响着这些学科组织和国家对科学数据共享等方面政策和法规的制定；WDC还会制定元数据标准、开发统一的互操作接口的方式，以解决各学科中心、各国家之间因科学数据集团元数据格式和数据标准方面的差异而无法统一检索和获取的障碍，促进多学科数据的集成与支撑服务，促进了各学科数据中心之间、不同国家之间的科学数据保存、传播与共享。WDC最早是开展涉及地圈、生物圈、外层空间，以及天文现象变化研究的科学数据采集与共享，之后的发展也基本在自然科学范畴。伴随着定量及实证研究模式在社会科学研究中逐渐成为主流，社会科学数据的管理逐渐受到重视。

4.科学数据管理的相关技术

（1）信息技术

信息技术发展既是促进数字化科研产生的原因，也是解决科学数据管理中问题的关键，其体现在通信技术使得人们克服时间和空间局限保存和获取数据得以成为可能；计算处理技术使得高速处理海量数据得以成为可能等。信息技术具体包含分布式技术、高速网络技术、互操作技术等。

（2）高速网络技术

科学数据格式多样，容量日渐扩张，高速网络技术是保证海量科学数据分布式存储和计算的基本条件。

（3）分布式技术

分布式技术，包含分布式存储和分布式计算。分布式存储保证分布式数据库在物理位置的分布性和逻辑上的统一性，既维护了数据完全与完整，又保证了异构数据集的统一访问；分布式计算则是充分利用网格和云计算能力，为高性能科学计算提供了一份保障。

（4）互操作技术

在分布式技术和高速网络技术的基础上，互操作是实现共享的关键要素，如地球信息的互操作通过网络并利用开放式地理信息系统（open geodata interoperation specification，简称 OpenGIS）为互操作规范实现同构及异构系统之间的数据和软硬件的共享与互相操作。

（5）元数据技术

元数据是描述科学数据的资源，用于不同科学数据管理系统之间的共享，除此之外，人们凭借它了解科学数据集的各方面细节，如内容、格式、获取方式等。

（6）可视化技术

可视化技术包括信息可视化、科学可视化、数据可视化等，主要是将图形和图像技术应用于科学计算的全新领域。科研者不仅需要分析由计算机得出的计算数据，而且需要借助于计算机图形学及图像处理技术了解在计算过程中的数据的变化。信息化技术过程实施数据挖掘，随后对已知的科学数据进行分析处理，虚拟现实技术实现科学数据构建的虚拟科研环境下的研究工作。

5.建立科学数据管理平台

科学数据管理是通过建立数据管理平台来实现的，不仅包含搜集、整理、加工，还包含信息发布与身份认证等功能，服务则包含目录查询服务、科学数据查看与下载服务，以及其他功能性服务，如数据分析等。基本上，科学数据管理平台架构与大多数数字图书馆建设架构一致，自下而上分为五个层次：底层是信息基础设施，如网络和存储等硬件设施；之上是内容体系，保存科学数据的数字对象与元数据；第三为业务支撑层，包含数据采集或其他业务应用的技术支撑技术等；第四为应用层，包含面向业务应用的采集与模块，面向用户检索与其他服务的支撑体系；顶层为提供统一认证的用户层。

（三）科学数据的发布与出版

在科学文献产生之初，它仅仅用在科学家之间的书信交流等方面，后来逐渐发展成学（协）会及商业出版社介入的传播模式，形成围绕科学文献出版的学术交流体系，以及之后承担科学文献加工、保存与服务的图书情报机构也加入此体系之内。科学数据的发展轨迹亦如此，随着科学数据与科学文献的关联性加强，以及科学数据逐渐成为科研对象而不仅仅是科研最终结果，科学数据出版将成为推进学术交流与共享的重要手段。其主要体现在以下几个方面：

其一，研究人员关注科学数据有利于对科研过程，以及如何藉由分析科学文献与科学数据集间的关联进行更进一步研究。举例说，基于基因库的研究主要体现在两个方面：一方面是通过验证获取具有有效基因组序列，另一方面是通过对基因组数据的分析，得出一些具备科学意义的结论等。这两项研究往往是无法分割的，然而常常只有后者以科学文献的形式出版。事实上，除基因组研究之外，大多数科学研究，包括自然科学和社会科学，只要涉及实证的内容，都不可避免存在这两方面的因素。发表在高影响因子期刊上的科学文献，其研究得到高度评价，但作为支撑此文献的科学数据只能是"幕后英雄"。因此，问题是这些"幕后英雄"是否也可以通过一定的形式将其保存与发布。目前，科学数据的"发表"程度远不及科学文献，这主要是因为当前的学术评价体系只针对科学文献，"高被引论文"的发表会给研究者带来声誉，带来更多研究项目等方面的回报，因此，研究者只将重点放在可得到此回报的科学文献上，而忽略了实际上也具有学术价值的科学数据。那么，如何推动同一研究中科学数据和科学文献的分别出版是当前科研界需要着手解决的问题。科学数据独立于科学文献的出版将提升科学数据在科研过程中的影响力，以及提升以科学数据为科研产出的科学家的影响力，此两项影响力的提升都可以通过科学数据被引用次数，以及以科学数据为科研产出的科学论文的被引次数来得到体现。

其二，科学数据出版至少还包含以下作用：科学数据的公开出版可以实现对数据本身质量的评估，并与科学数据分析过程区分开来，引导科学数据利用者能选择性地利用"优质"科学数据以获得更有价值的科研成果。这是科学数据筛选领域的问题，可通过链接技术或其他方式实现科学数据与科学文献的关联，如果是直接支持此文献研究过程的科学数据，那么可以通过此关联完整地展示科研活动的全部，保证科研的完整性和严谨性。如果在同行评议过程中对支撑研究结论的数据审核，还可以避免可能因数据作假而造成的学术不端；如果是间接相关的科学数据，就如同当前知识发现等方面的研究，通过相关性分析、耦合分析等，实现知识创新；如同科学文献所展示的科研结论一样被多次引用，科学数据亦如此，并可能在利用过程中产生与之前不同的研究结果，通过对同一数据不同研究结果的对比，将进一步推动科研的发展。除以上所提及的作用之外，科学数据出版从根本上推动了科学数据共享，其关键是科学数据产出者能够在出版体系获取其应得的学术声望，以及知识产权、版权等权益，与此同时，科学数据出版也为使用者拓宽了利用科学数据渠道。

其三，现今科研活动的流程可以简单地表达为假设、实验、数据、结论的过程，直到科学文献作为结论发布时，有意义的数据才有可能被人所了解。科学数据的出版将实现有价值的科学数据提前进入学术交流环节这一目标，从而促进科研进程。这也将解决"正在进行的研究"与研究的传播之间相互割裂的问题，即当科研者既希望其研究在最终结束之前就能够得以传播，同时也能得到版权及知识产权方面的保护，通过科研者与出版者交互，科学数据的出版使得科研者能够以正常方法快速展示其研究。

其四，当前出版的相关科学文献中，存在不少期刊论文或会议论文只是描述性地记录测量及观测结果。这样的科学文献既不增加知识也不提供新见解，其缺点还在于这种文字描述和记录的方式往往带有主观因素，从而导致利用者应用时产生偏差，无法体现科学研究对科研对象观测结果的客观性。针对此现状，某位科学文献编辑认为："让数据自己说话，而不是解释。"如果科学数据的出版得以实现，科学文献将会集中在提供新见解的研究成果上，科学数据的描述将以其"原生态"交给科学数据出版物去发布。

其五，科学数据得到专业化管理的方式就是出版。某项基于 PubMed（它是一款免费的搜索引擎，为相关学者提供生物医学方面的论文搜索和摘要）文摘所指向 655 条补充数据可用性的分析表明，只有 71% 的补充数据链接还能访问，而不可访问的数据中，超过 90% 是因为没有将数据交由出版社保存。此研究的学者建议出版社应采取要求科学文献提交者也提供科学数据，或者由第三方可信任的独立机构保存数据，以及从技术上定期分析数据链接的有效性。

其六，尽管人们已经渐渐意识到科学数据保存、共享等方面的重要性，以及意识到某个研究项目结束，人们利用此项目研究成果的重要组成部分科学数据保存的需要，但科研者保存科学数据的方式往往是临时的、零散的，而且极其不规范，这是因为科研者的本职是利用数据进行科学研究，而不是数据记录员，为保证科学数据能长期的共享与利用，我们必须确保有专门环节、专门行业的介入。

其七，需要补充说明的是，所谓的出版并非完全意义的商业出版及其他以营利为目的的出版，至少是不仅仅局限于此，开放获取已经逐渐成为商业出版的一部分。与此同时，更为重要的是，对科学数据的"publication"理解为其本意的

"发表和公布"更恰当，而不仅仅是商业出版。当前的科学数据背景是数字化科研，合作是其宗旨之一，要达到合作之目的，开放是前提，实现这一目的的重要途径就是开放获取。

因此，构建数字化科研不仅仅包括构建网格、中间件平台等技术基础设施工作，还包括保障科学数据发布公共数据存档数据库、机构知识库、开放获取的电子期刊和开源软件应用等。更大范围内，科学数据发布的方法无论是商业出版社或是公共的数据贮存库，甚至通过云存储方式等并不重要，这涉及行业标准、科研激励机制相关的系统和政策等。微软的研究报告提供了对科学数字出版的设想，微软的这个报告设计了一个 10～15 年的时间表，在较短的时间内，电子期刊将通过链接的方式实现与相关数据集的关联，随着电子期刊发展成为不再是纸质期刊的数字格式，而逐渐成为包含各种格式媒体的数据库时，我们称之为混合出版物，这种出版物能够结合科学文献与科学数据的特点展示并完成科研流程。无论何种出版方式（商业出版或开发获取），以及无论采用集中存贮或是分布式存贮，其根本是能够提供不同学术信息资源（包括不同类型科学文献和不同格式科学数据）之间的互操作及无缝链接，以保证方便利用和达到知识发现。科学数据管理宏观层面的重要环节就是科学数据的出版或发布。

二、科学数据管理进程的理论基础

不容争辩的是，科学数据是信息资源的一种。信息资源管理的逻辑过程包括信息采集、转换、组织、存储、检索、开发和传递服务等环节，以及与计划、组织、指挥、协调、控制相契合的完整体系，科学数据管理亦如此。科学数据有其自身的特点，科学数据管理过程所涉及的环节是科学数据特点的体现，就数字化科研相关技术而言，科学数据对应信息资源管理过程涉及采集、整合、存储、元数据、保存、分析等环节。

就科学数据的管理而言，国外相关文献中以 curation, archiving, preservation, stewardship 等文字对此进行表达。Archiving 与 preservation 相对接近，更偏向对科学数据的归档管理，需要确保经过合理选择之后，科学数据的逻辑与物理形态具有所要求的完整性，以及在具备相应安全和认证机制下，实现对存档科学数据进行存取等。Stewardship 大致表达管理工作的意思，对比 curation 涉及内容的管理与分析，stewardship 更偏重载体层面的管理。当前，科学数据管理逐渐形成了以 curation 为主流的表述方法。对于此词，国内有不同的翻译，在自己主编的关于数字化研究的图书中，孙坦将 curation 归入数据保存的范畴，翻译为"掌管"；杨鹤林将 data curation 直接翻译为"数据监护"。一般意义理解的数据管理是利用计算机对数据进行有效地收集、存储、处理和使用的过程，而直接将 curation 理解为"管理"与科学数据管理与信息资源管理的相关性是一致的。

相比于科学数据归档，科学数据管理的范围更为广泛，除涉及归档管理中的对数据质量保证及获取访问认证的管理之外，还需要保证从数据产生之初就开始的过程管理，以及如何促进其利用，保证科学数据的发现和再利用；依据科学数据集动态更新的特点，实施动态管理；对科学数据或科学数据集进行标引以实现数据分析和知识发现；实现与其他出版物的关联和聚合等。科学数据管理之于科学数据存档，一定程度上如同当代目录学之于传统目录学的区别。传统目录活动如同归档，保证所组织资源的质量，并按一定的体系（如分类系统）分别存放，同时也保证在需要这些资源时能够"按图索骥"地获取；当代目录活动的操作对象虽然是信息资源，但在组织这些资源时，不仅仅考虑了资源本身，还引进了用户利用活动的相关因素，以考虑资源的组织如何更有效地保证利用和知识发现。当代目录学已经从单一的文献揭示发展为助力知识发现，目录控制也发展为以存储和检索出特殊需求的信息资源为目的。

故此，科学数据管理活动包括科学数据存档，但不仅限于存档，除保存之外，获取并有效利用是其更主要的目标。科学数据管理的目标包括促进数据检索和发现，保持数据质量；利用数据实现增值，提供数据的再利用等。围绕这些目标相关的活动包括数据选择与评价、数据描述、访问认证、数据整合、链接可用性维护、格式转换等。总之，科学数据管理是针对科研过程中的研究数据，保存这些数据以促进利用，并有助于推动科研为目标的活动。科学数据服务是广泛意义上科学数据管理的重要环节，作为整个管理活动的最终阶段，服务是通过之前各环节的努力，以及对整个管理活动目标的最终实现。相关学者围绕着科学数据保存与利用，以信息精选为原则采集和筛选科学数据，以信息生命周期理论为依据，利用信息组织与描述的理论与方法，构建科学数据组织模式。为方便阐述，我们仍旧称其为科学数据管理。

第二节　高校科学数据管理分析

一、高校科学数据管理

（一）科学数据管理相关介绍

高校科学数据管理实施的设计需要对科研过程中与科学数据相关的活动进行分析，包括不同学科的具体情况，涉及科学数据的利用和保存现状，从而了解到科学数据管理的具体需求。科学数据已经成为科研过程的重要部分，包括社会科学研究中定量研究方式的不断应用等。科学数据所带来的需求有：获取数据的需求，这些数据可能来自商业出版社，也有可能来自可供公共开发获取的数据中心；科研成果中，除了科学文献以结论形式和部分数据可提交之外，尚有大量科研过程涉及的资料需要保存；当前的科研模式中，研究方法创新也是科研活动的重要环节。因此，科研过程中涉及数据分析方法如微模拟和科学计算能力的提升，使得研究者希望能获取他人的研究过程以便从中得出新的研究思路等。这些多方面的需求给利用和组织科学数据带来了巨大的挑战，为应对这类挑战而进行的工作即科学数据管理。因此，科学数据管理实施所要解决的问题包括以下几点：其一，便于用户提交和获取数据的界面；其二，单个科学数据记录层面的描述与组织；其三，科学数据的访问控制；其四，与作为研究对象的外部数据、外部商业数据库或其他数据中心的关联等。

（二）科学数据管理系统的根本结构

科学数据属于数字信息资源，我们可以将科学数据管理系统看成是一个数字图书馆体系。数字图书馆的逻辑结构主要包括对象数据库、元数据库、数据加工子系统、查询服务子系统、调度子系统等。根据科学数据管理的基本需求，管理系统对应的主要包括科学数据元数据库和对象数据库，作为资源库，存储和管理科学数据文档及其元数据与其他相关信息；科学数据、元数据的提交系统；科学数据查询服务系统，为科研人员及公众提供科学数据查询服务；科学数据调度系统，根据查询结果提取所需要科学数据对象等。因此，就管理系统所保存的科学数据而言，作为数字信息资源，其信息结构由三个部分组成，即所谓的科学数据或数据集作为数字对象本身、数字对象元数据、数字对象句柄。

1. 数字对象本身

在科学数据管理技术线路中，数字对象本身作为实体——联系模型（Entity Relationship Diagram，也叫作 E-R）中的"实体"，要细化到"原子"级别，管理系统的设计借鉴或引入实验室管理系统的模式，不只是之前概念化地粗略区分原始数据、中间数据和结果数据，从而可以实现对科研活动各阶段单个科学数据记录的"精细管理"，如对同一对象的连续观测结果等。数字对象包括单一任何格式和类型的科学数据，所谓格式，是指可能是需要特定软件才可以打开的"表格"形式科学数据，以及部分来自商业或其他特定专业科学数据中心的科学数据，其作为初始数据或辅助使用，但是因版权方面的限制，数据文档不保存到机构内管理系统，而是以"外链"等方式保存等。此外，因 E-R 模型中对于"关系"的定义，也存在需要针对"关系"进行描述，"关系"也可以作为数字对象的范围。

2. 数字对象元数据

元数据是关于数字对象的数据，是描述科学数据属性的集合。方案需解决科学数据管理体现科研过程的要求，以及依照科学数据的特征来设计，达到能通过数据之间的关联实现不同科学数字对象和科学数据与科学文献之间联系。它不仅仅包括针对科学数据（集）的描述，还包括对不同科学数据（集）之间关系的描述。

3. 数字对象句柄

数字对象的全球唯一标识符独立于信息存储位置，它是定位数字对象的依据，具有唯一性、永久性和多重链接等特征，其已经在出版领域得到了广泛的应用。就科学数据而言，其不仅仅需要考虑科学数据出版，还需要考虑科学数据引用，技术线路中已经简单用句柄表达不同阶段数据之间的统一性。对于基于机构知识库的高校科学数据管理，只有提供对公众开发访问权限的数据才有必要建立全球数字对象唯一标识符，大多数情况下的其他科学数据是利用数据库管理的句柄系统建立本地化的永久标示符机制，即建立本地化的句柄命名和解析机制。采用句柄而不是一般的关系型数据库系统的身份标识号（ID）标识符方式或内部唯一序列号的方式来实现对科学数据数字对象的"永久"标识，这主要是考虑为这些科学数据在公开访问与归档时，出版和被引用的顺利过渡。

（三）高校科学数据管理与实验室管理的差别

实现实验室管理中对实验过程完整记录的管理系统就是电子实验记录系统，如：指导老师对学生实验记录批注、学生之间的交流与共享、实验数据的备份管理、访问权限控制等。实验室管理（E-lib）采用 protocol 模板，从而能够规范化记录，protocol 也称为实验室指南，它提供了详细、精确、标准化的实验操作记录范式，即可在实验室再现的"配方"或"方法"，包括按部就班的操作步骤、实验必需的原材料清单（原材料包括化学成分、硬体、软体等），注释和提醒，提醒实验员在实验过程中需要注意的事项，以及如何解决问题。我们采用 E-lib 可以通过管理平台将实验材料和实验记录紧密关联，记录实验材料的归档的位置、添加备注和说明；试剂管理，包括领取、采购、库存等。在对实验过程完整记录保存方面，科学数据管理与 E-lib 有相同之处。但 E-lib 从根本上是对实验过程的管理，而科学数据管理则是保存作为实验结果的科学数据，包括实验记录之外，科研过程中所涉及的全部数据，如引用外部数据、实验结果数据的分析等。科学数据管理的实现可以帮助用户获取数据时通过对科学数据之间关系的描述，以及从科学数据备注（摘要或注释）中大致了解实验过程，但终归是基于科学数据的利用，而不是以了解如何做实验为目的的。

尽管两者之间存在着差别，但科学数据管理可以借鉴 E-lib 在实验记录备份数据、访问权限控制方面的一些做法，以及提供技术层面可发展的方向，即在可能的情况下，通过电子实验记录系统和科学数据管理系统的标准协议接口，实现两个系统中科学数据的关联，即科学数据管理系统可以直接采集电子实验记录系统中的实验数据，随后整合两个系统的功能。

（四）科学数据组织手段

高校科学数据管理的基本框架既要符合调研分析中科学数据相关科研活动的具体要求，也需要通过管理解决科学数据共享与保存中的问题。此外，还需要从高校机构知识库建设的目的，或者说高校机构知识库的职能出发，通过存档将科学数据纳入高校科研产出。因此，机构知识库对高校科学数据的管理，对作为数字对象的科学数据所采取的是"打包"或者说"封装式"的管理手段。图书馆维护作为科学数据管理系统的机构知识库平台，所做的工作主要是基于科学数据的外部特征而非内容特征。基于机构知识库所管理的科学数据，其颗粒度是"科学数据包"，以及各个"科学数据包"的关联而形成的结构信息，不是科学数据所承载的知识。底层数据库保存单个科学数据记录；单个科学数据记录、数个科学数据组成的科学数据集、属不同数据集的单个数据记录之间的关联、同一数据集的单个数据记录之间的关联均是以元数据方式进行信息描述，保存在关系型数据库中；以使用程序支持的用户界面从数据集、单个数据、单个数据之间的关系等角度检索并获取单个数据或整个数据集；以应用程序支撑的用户界面提供用户提交数据及其元数据。

　　除此之外，科学数据不同于科学文献，其不仅仅是版权或知识产权问题，还包括科研活动的"竞争性"特点，即科研活动中未成熟的想法，科研人员只会希望在一定范围内共享，因此需要有较为严格的访问权限控制，这种权限还包含了对科学数据进行描述元数据的权限控制。综上所述，科学数据管理系统包括：映射科研活动过程的组织模型与符合科学数据特征的元数据描述框架；方便检索的查询系统；功能上和操作简易程度上都便于科研人员使用的提交系统；权限管理系统，保证科研人员提交的数字对象访问范围的限定等。

二、选择和构建机构知识库平台

　　实现科学数据管理系统的基本条件就是选择和构建合适的机构知识库平台。

（一）选择机构知识库平台软件

　　高校机构知识库平台大多数使用开源的如数字空间（DSpace）、自由及开放源代码软件（FOSS）、费多拉（Fedora）等软件建设，这些软件在功能组件与整体布局方面趋同，但不同平台存在一定的差别。其中，DSpace 致力于获取、存储、索引、保存和分发数字资源，适于平台的移植；Fedora 基于面向服务的结构（SOA）框架，能够对数字对象进行存储、分发和管理；FOSS 支持开放存取，支持任意文件格式、元数据规范，全球使用最多，分布最广。目前，在全球范围内主要使用DSpace 和 FOSS 两种，国内则大多采用 DSpace 完成，如浙江大学图书馆和厦门大学图书馆等。

（二）DSpace平台软件和科学数据管理框架

　　依据高校科学数据管理系统，作为管理平台 DSpace 系统软件，它包含多数信息资源管理系统的基本功能，如基于全球广域网（Web）界面的录入、查询、修改、删除，以及用户管理等功能。其中，最为核心的功能在于以下三个方面：其一，系统架构与信息组织角度，底层数据库对于单个科学数据记录存储的支持；其二，内容管理角度，保存元数据的关系数据库对基于 E–R 定义模型的资源描述框架的支持；其三，科学数据的保存与科研过程相关，科学数据及其元数据访问权限控制的支持。

三、科学数据元数据方案及实施内容

元数据方案的确定是实现高校科学数据管理系统设计的最终环节，方案确定既需要体现科学数据管理原理，也是高校科学数据管理模式和技术线路的展现，同时还应能在 DSpace 系统支持下的机构知识库平台付诸实施。

（一）DSpace元数据规范介绍

DSpace 元数据框架可通过定制可扩展标记语言（extensible markup language，简称 XML）模板适应任意格式的数据对象，并且符合元数据编码及转换标准格式（metadata encoding and transmission standard，简称 METS）。METS 的核心是结构图（struct map），并包含描述性元数据区和管理性元数据区，对应着 DSpace 元数据规范的描述元数据、管理元数据和结构元数据。符合 METS 规范是为保证 DSpace 系统的元数据不仅仅可以描述条目，还可以实现在仓储之间，以及在仓储与用户之间的元数据交换，从而可以作为"开放档案信息系统参考模型"（open archival information system reference model，简称 OAIS）框架中的"分发信息包"（dissemination information packages，简称 DIP）。DSpace 系统采用具备通用、简单等优势的都柏林核心（dublin core，简称 DC）元数据规范作为其元数据标准，并以此描述条目。为简化以保证高校内的研究人员能够方便提交和保证最大限度的灵活性，只选取标题、语言和提交日期作为必备字段，其他元素都是可选字段，附加字段包括文档摘要、关键词、技术元数据和权限元数据等。因此，DSpace 是采用带修饰符的 DC 元数据来支持对条目的描述和组织，对于社区和合集也提供一些包含简单描述的元数据，以及有关权限政策的结构性元数据等。总体上来分析，由于对 METS 和 DC 两个方面的采用与支持，DSpace 系统提供了元数据框架及其规范，从而基本上可以满足高校科学数据描述及管理的需求，因此仅仅需要结合科学数据管理中不同对象所需描述和管理的要求，实现对不同对象、实体与关系的属性等方面进行描述的元数据方案，包含科学数据记录、科学数据集、科学数据记录之间的关系等。

（二）科学数据元数据方案

目前，已经有多个支持特定学科的科学数据描述的元数据方案，如国家科学共享工程已经完成气象科学、地震科学、地球系统、先进制造自动化、医药卫生、资源环境、测绘科学、水文水资源、基础科学、交通科学、国土资源、可持续发展、林业科学、农业科学、海洋科学、能源科学、材料科学、区域综合科技信息等领域的元数据方案。毫无疑问，这些元数据方案对科学数据作为描述对象而言，是可借鉴的对象。机构知识库为平台在高校环境下，则需要有通用的元数据模型来描述、组织来自各个专业领域的科学数据。

第三节 政府对大数据管理方法的探索

一、加强政府对大数据管理重要性的认识

（一）具备大数据管理意识和能力

转变传统的观念，培养大数据思维和意识正是政府大数据管理成功的第一步。政府要通过加强数据应用整体分析，进一步促进价值转换，将数据转化为知识和行动，推进新时代政府管理革新进程，总管各个领域的实际情况，推进数据创新、人才发展、全面管理、整体革新的进程。政府对大数据的管理持续向前推进的前提是，在政府内部整体培养提升成员的大数据意识，提升政府管理大数据的能力。政府内部在日常学习过程中要加大对大数据意识的培养和宣传力度，从大数据当前给商业带来的机遇和变革中，政府需要认识到，加速推进大数据发展的战略价值意义所在。政府内部要摒弃传统的思维观念，要站在大数据格局上展望政府管理的变革新时代，转变传统的政府管理理念，加强数据管理的规范化和科学化，致力于提升政府工作效能，增进现有服务水平，制定更科学全面的政府决策，打造高效科学的政府管理模式。

在对大数据的管理进程中，政府要加强树立大数据管理的思维理念和意识，要加强在内部宣传的力度和深度，促进大数据相关理论知识的推广，尤其是政府部门领导干部，其作为决策者更应该率先进一步加深对大数据管理的意识和能

力。改善对大数据的重视程度，政府要做到从领导管理层抓起，发挥自上而下的带动作用。通过内部团队学习的模式开展培训和学习，集体学习大数据管理的理论知识，转化以往固有的思维定式，并将学习和实践相结合。政府对大数据的管理需要专门的大数据管理人才，加快培养和提高政府对大数据管理人才的技术和素质水平，是确保政府对大数据管理工作高效顺畅进行的关键。大数据汹涌而至，政府组织、个人和社会层面的数据来源持续增长，数据类型不断地增加，面对如此大增量的数据，对大数据的集成、整合和分析成为了政府大数据管理需要解决的首要难题。推进政府管理变革进程发展，政府的首要任务是转换传统思维模式，加速推进自身大数据意识的培养和管理能力的提升。

（二）具备大数据管理的顶层设计

政府大数据使用是一项长期不断完善的工程，必须要从国家战略层面出发，制定有效的运行机制，加快大数据顶层设计制定的推进和落实，这是有效推动政府对大数据利用的关键。大数据加速了商业飞跃性的变革，加快政府数据应用进程的推进，增强国家战略中有关大数据的国家规划建设，从全局出发，进一步推进国家顶层设计的具体实施，制定政府对大数据的数据收集、存储、共享的统一规范标准，有效避免数据库的重复建设，最大限度发挥大数据利用效能，进一步推进顶层设计的完善和实施，这样才能保证政府对大数据管理的持续高效进行。政府要着重解决当前我国政府数据存量不足、数据碎片化分散不集中、政府不同部门间的数据壁垒、数据共享难的问题。一方面，依托社会第三方力量的支持，鼓励引导第三方去治理主体对大数据的收集和处理整合，政府可以通过政策支持，鼓励国内具备一定水平的大数据产业技术基础的信息技术（information technology，简称 IT）和互联网企业，联合高校、科研机构等具备大数据处理分析能力的各种智库，由政府部门统一指挥管理，加强集成中心的实时管控分析能力，加速打破大数据核心技术应用屏障另一方面，政府要保障法制建设的同步跟进，针对不同种类的数据的大数据，采用对应方法进行收集和存储，加快摆脱我国政府对大数据存量不足的现状。政府要加强数据收集的标准制定，完善知识产权和使用的界定，促进全面更深层级的数据开放格局的推进，加强政府和社会组织、企业间的数据流通，增强政府数据信息的公开，提升政府对大数据的利用率。

（三）健全大数据管理系统

当前政府在大数据管理的进程中，自身数据仓库的商业智能化基础还不高，仍处于初期建造阶段，在对大数据管理进程中，政府应首先在政府内部健全政府对大数据的管理体系，加强数据的安全范围界定。新时期政府管理的模式和技术需求水平，较以往发生了很大的变革，这就要求政府需在原有的人员配置上重新调整机构的设置，根据大数据管理的需要，调整对应的财政支出和人力资源。政府通过健全政府对大数据管理体系，进一步改善政府管理能力，促进政府职能优化建设，进一步改善公共服务的效益，增强公众的参与度和对政府服务的满意度。政府要变革传统的数据收集方式和思维工具。传统的数据收集方法和抽样调查已经不能满足大数据管理的需求，因此，加快创新政府对大数据管理技术势在必行。政府要拓宽大数据的来源渠道，提高数据收集获取的效率，增强政府和科研机构等智能库的对接，提高对商业记录、公共服务和网络用户信息数据的利用，改善政府现阶段大数据存量不足的现状。调查制度上，政府要改变以往的线下存储和统计制度，加大对互联网的信息实时更新的运用，加大线上实时获取信息和统计的投入，发展多渠道、多种类，实时收集和云端数据平台的数据收集制度。除此之外，政府要加强对大数据收集管理的应用指标从宏观向微观的过渡，增强指标的量化性和可行性，增加改善社会服务的指标比例，从国家战略角度出发，统筹全局建立健全现阶段政府大数据管理体系建设。与此同时，注意避免数据指标的重复建设情况，明确政府对大数据管理的收集标准和应用环境及操作规范，保障政府对大数据管理的安全和质量。

二、加快政府对大数据相关技术运用建设

（一）加强政府对大数据技术的研发力度

大数据时代的到来，数据的海量化和实时更新性使得传统的相对静态的政府数据管理面临着滞后性的挑战，信息社会的快速发展要求政府做出更快更好的政府回应。俗话说得好，"工欲善其事，必先利其器"。政府想要通过利用大数据提高政府管理能力，改善政府工作效能，加强决策的实时性和针对性，这些都离不开用数据说话，以数据分析为前提和依据。因此，加强政府对大数据管理的"快、稳、好"的发展，首先要在政府内部着力部署提高大数据应用技术的研发工作。当下，政府处于对大数据技术应用研发的前期，政府通过依靠第三方力量的支

持，购买与大数据相关的技术服务，加强政府对大数据技术的发展进度，更新政府对大数据管理的软硬件基础设施，优化产业环境，加强政府对大数据技术的自主创新，加强政策扶持力度和政策落实，保障政府对大数据管理人才资源的培养和输入。通过政策引导，政府依托社会第三方力量的支持，积极调动第三方对大数据技术的进一步深层次研发和扩展，在保障数据安全的前提下向市场购买数据信息和应用技术。通过积极出台相应扶持政策，政府引导和扶持国内先进大数据产业技术的 IT 和互联网企业对大数据技术进行更加深层次的研究和创新，联合社科院、高校科研机构等具备大数据处理分析能力的各种智库，由政府部门统一指挥管理，加强集成中心的实时管控分析能力，突破大数据技术的应用屏障。与此同时，政府要推进自身购买进程，加快数据技术的引进，并在此基础上力求自主创新。另外，我们还可以学习国内外积累的大数据应用技术，在政府对大数据管理进程中逐渐摆脱大数据关键核心技术的障碍壁垒，研发和创新适应政府对大数据管理情况的大数据技术。

（二）深化多领域合作促进大数据技术发展

大数据的运用涉及社会经济的多层次领域，政府对大数据的研究发展，离不开政府部门间的数据信息共享和合作，积极探索政府大数据管理的合作领域，增强政府和社会组织以及外部企业的信息流通，促进政府对大数据管理的技术向更深层次快速发展。推进多领域的数据合作格局的形成，推进大数据发展的资金投入和政策建设引导，在引进大数据技术的基础上加以创新，这些是我们在发展大数据技术时可行的办法。我们要效仿国际上跨领域和跨国家合作，基于国家战略视角，结合当前发展进度，从全局出发制订政府对大数据管理发展的长期计划，从上而下，层层传递，制订政府机关各主要部门联合治理的大数据研究计划，共同治理，协同发展。我们可以借鉴国际上先行研究大数据治理的应用经验，学习大数据在商业领域的成功实践模式和方法，开展政府和高校科研机构、社会组织的联合开发大数据应用技术的发展模式。政府要发挥在改革创新上的学习和创新优势，加强与商业的数据流通，学习商业大数据应用的先进技术和模式，优化政府对大数据的管理能力。当下我国数据引进开发水平还相对较低，我们只有在加强跨领域数据信息交流合作进程中，引进先进的大数据应用技术来发展自身，并在应用中加以自主创新。在政府对大数据管理的技术应用初期，我们应该将重心放在引用和学习外部先进的大数据管理技术，克服关键技术壁垒；在大数据研发的中后期，立足于技术基础向更多层次领域深度扩展，强化政府内部大数据管理人才的培养建设，创新研发制定符合我国政府对大数据管理的技术。

（三）增强政府管理技术的自主创新能力

进步的源泉就是创新，大数据背景下，政府内部对大数据管理技术的自主创新，贯穿于政府数据管理的始末。政府对大数据技术的自主创新，是我国政府克服大数据应用技术壁垒、促进数据技术本土发展的前提条件，西方发达国家之所以经济发展一直位于世界前列，原因在于对时代核心技术的学习和把握一直走在时代的最前沿，掌握着最新的知识和技术的应用。知识就是力量，创新才是源泉。现阶段，政府对大数据应用标准和水平还相对较低，人才和技术的壁垒还未攻破，核心技术成熟度不高，缺乏自主创新动力，人员综合技能不全，以上都是困扰我国政府当前对大数据应用发展的一个个难题。此外，数据核心技术对外的过度依赖，核心的软硬件数据服务设施都依赖于引进，政府管理大数据的安全始终是一个潜在的困扰问题。应加快自己的数据技术创新发展，只有这样，政府对数据管理的安全才能得到长效有力的保障。

增强数据技术自主创新的力度，提升政府对海量复杂数据管控能力的信心。我们要加大国家层面的技术扶持和人员配置，鼓励各地政府研发探索属于自己的大数据应用技术，从全国角度出发，建立集合政府机关、社会组织、高等教育科研中心、企业为一条产业链的大数据科研发展中心，协同合作，共创发展。我们要加强国内大数据技术专业人员和国外先进大数据技术产业人员的交流学习，学习国外先进的应用理念和成熟的发展模式，积极筹划国际合作，和国外掌握先进大数据技术的研发机构以及高等院校建立长期合作的研发计划。加速本土数据技术的孵化进程，加大人才培养的财政投入，通过留学派遣、出国深造、联合培养教学的方式，加快数据人才培养力度和速度，这也是可行之计。除此之外，在政府内部，我们要鼓励自主创新，创建良好的集体学习理念，调动数据产业企业向数据技术深水区推进的积极性，打造政府自制知识产权的大数据应用技术。只有加强政府大数据技术的自主创新能力，攻克政府应用大数据的技术壁垒，才能保证自身更有效地利用大数据，提升治理能力。

（四）设立大数据服务平台推进智慧政府建设

运用大数据这种做法可以推进政府治理变革进程，促进政府智慧化进程。政府运用大数据技术为公众提供服务和公布信息，需要良好的平台作为硬件支持，用大数据平台支撑政府服务和信息公开，加强政府信息公开数据的权威性和公信力，加强地方政府数据服务平台的推进，促进政府公共信息的全面公开。在加强数据实时性分析基础上，可以通过运用大数据技术改善政府公共信息服务效率，促进政府智慧化发展进程。将政府大数据和互联网、云技术结合起来组建政府大数据管理的高效智能系统，可以改善政府服务效能。政府可以增强网络系统的建设，通过有效纵向整合，改善政府部门上下级信息流通现状。

首先，政府要加强公共服务数据信息查询设施站点的建设，提供公众随时随地方便查阅和获取信息的途径，同时加强互联网云端数据信息的推送。在公开数据信息的同时，政府要注意维护政府信息和商业信息机密性；其次，通过政策支持，积极引导各地政府数据公开平台的建设，由政府统一组织知识技能培训，为各地政府信息服务平台的建设提供智力支持。在大数据平台实施数据信息公开前，要制定数据公开的标准，明确信息公开的周期，完善大数据平台的反馈系统，保证政府大数据平台公布信息的真实性和有效性，定期对大数据平台的功能进行维护和检修；最后，政府管理大数据应该将其分而治之，建立数据种类和用户需求对接匹配的政府大数据管理平台，对不同种类数据间的用户需求采取独立管理模式，对同种类型数据的用户需求采用一体化流程模式管理，加强标准化建设推进，与此同时，政府要提高对大数据平台服务的实效性和敏捷性。

三、强化政府大数据和信息安全的相关保障建设

互联网技术促成了大数据的发展，但值得注意的是，大数据关系着信息安全、隐私、公正、透明、平等等人类终极价值，存在着"预判挑战自由、隐私披露挑战尊严、信息垄断挑战公平、固化标签挑战正义"等道德问题，在解决这些问题前，如何保障人民信息安全就成为我们应该首先要关注的事情了。

（一）加快政府对大数据和信息安全的法规制度建立

政府对大数据的管理，首要任务是对大数据的收集存储和挖掘，但是目前就政府大数据的收集、存储和共享还没有从国家战略层面制定统一的标准，大数据的获取和分析利用应该有章可循，我们要明确政府大数据管理者在数据的获取和使用过程中应该承担的责任，完善政府大数据法律法规，保障政府大数据的安全合理使用。大数据时代，我们要保证数据信息的大环境安全，明确保密和公开的

范围界定标准，政府保密信息、商业机密和个人信息仍然需要法律保护，积极推进数据应用新引发的问题对应的法律规范。政府要鼓励和支持自主创新，制定数据安全使用标准，完善大数据管理体系建设。

（二）建设政府对大数据和信息安全保障运行机制

在对大数据管理的建设进程中，政府要从国家战略出发，健全大数据安全保障运行机制的建设，保证政府对大数据的管理持续有效的发展。

首先，建立政府对大数据信息处理和收集的规范。数据的收集、存储与处理是政府大数据管理的第一步，由于其具有海量性和实时更新性，因此加强数据资源的实时更新建设，提高数据的有效性是十分必要的。政府应该注意对数据的来源进行标注并进行分类，从而提高决策的针对性。在面对数据平台的数据共享时，政府要建立逐级审核制度，加强各部门数据筛选，建立统一的各级政府数据录入和共享标准。政府在明确数据使用权限的设定、理清内外部使用权限、保障数据开放的安全性的同时，也要推进数据安全的保障措施建设，有效构建政府数据网络设施，确保数据收集和使用过程安全性。

其次，完善政府对大数据运行协调机制的构建。大数据来源渠道广，种类多，部门间的数据分享和流通必不可少，当前各部门间的数据流不通，信息共享难，重复建设现象较多。鉴于此，政府应加强政策引导，调动部门数据共享的自觉性和法制性，强制和引导同行，在安全界定范围内，提升数据共享开展的深度，加强政府部门联合治理，提升利用效率。

然后，建立和完善政府内部的突发事件应急机制，由于大数据的具有高实时性、高并发量的特点，政府在获取数据和发布政务信息时，通过技术的自主创新，增强政府对突发性数据事件的处理能力，构建切实可行的应急机制，力求达到准确定位、精确评估、快速处理的效果。与此同时，政府要做好事前的预防工作，通过加强对数据的深层次分析，排除潜在的风险因素。

最后，执行目标责任制，政府对大数据的管理工作涉及多部门，要保证政策落实，必须明确各部门职责，执行目标责任制，落实到个人。同时，政府要加强大数据信息安全监督和评价反馈，严格执行政府的奖惩制度，加强大数据安全保障力度。

（三）执行政府开放数据和信息的风险评估

随着大数据的到来，伴随着我国互联网技术的飞速发展，基于大数据技术的政府政务信息公开的需求日益明显，公众的参与权和知情权意识提高，政府需转变传统的治理模式，加快政府对大数据政务信息的公开进程。开放数据需要有法律前提作为保障，政府开放数据和信息的风险评估工作主要包括两个方面：

一方面，政府要加强对数据管理的风险管控能力。伴随互联网的飞跃，引发的一系列云技术数据的崛起，增加了政府数据的来源和种类。但是其在提高政府获取大数据的效率的同时，也带来了潜在的风险，如何有效识别获取的大数据的真实性和有效性成为了首先需要面对的问题。因此，我们需要加快政府现有大数据技术的自主创新，成立独立的数据风险管控局，结合各部门数据管理人员，对获取的数据进行筛选分类，对大数据来源的真实性进行第一关的实时把控。

另一方面，政府要针对数据公开进行周密的潜在风险评估工作。政府开放的数据涉及面广，应用广泛且具有权威性，数据开放和保密的范围界定，开放标准的统一性是首先需要考虑的前提条件，应该从国家战略角度出发，制定政府大数据开放的统一标准和法律法规，明确规定政府公开数据的范围、内容、方式和种类。对政府开放的数据，我们应进行前瞻性预测，对可能潜在的风险进行事先消除和降低，提前做好数据信息突发事件的应急工作部署；同时对部分可能涉及国家安全和个人隐私的数据进行深层次的分析，明确保密和开放的范围界定，做好数据开放的风险评估工作，制定合理可行的大数据开放风险预防机制，完善政府对大数据管理的法规制度，推进政府对大数据管理的安全有效的使用进程。

第二章 云计算信息化建设的应用

第一节 云计算技术理论及相关概念分析

一、云计算的出现

人类的需求推动了技术的变革，在过去的几十年中，计算机的计算模式经历了大型机、个人计算机、超级计算机的发展，人类对计算速度的需求在不断增加，对容量存储的需求也在不断增大，互联网时代的浏览器——服务器模式促使人们摆脱了单机运行能力和存储空间的限制。在处于信息大规模生产和消费的时代，人们对信息获取的便捷性和高效性的需求越来越高，而这些信息服务的提供则需要海量的存储和强大的计算能力来满足，从而推动了计算模式和计算技术的发展。在以前的信息化发展中，企业建立信息系统不仅仅需要购买硬件等基础设施，还需要购买应用软件，还需要专业的信息技术人员来维护；同时随着企业的不断发展继续升级各种软硬件等设施来满足企业发展的需要，对于企业来说，信息化建设中所用的软硬件设施只是企业发展并提高效率的一种工具，对于人们来说，有没有一种可以按照人们的需求来应用呢？这些需求的产生导致了云计算技术的应运而生。云计算，就好似它的名字，像云一样飘在空中，它高高在上，让人敬畏。这就像制造业从蒸汽到电力的转变，当时，电力对普通人来说是那么的不可思议，但它还是以不可阻挡之势闯进人们的生活当中，与之相同，云计算也给人类社会带来了巨大变化。它在提高个人生产力、促进协作、从海量数据中洞见决策、开发和代管应用程序等方面帮助企业提升效率、降低成本，促进企业的发展。云计算技术就是将计算、服务和存储资源等作为一种服务提供给用户。这种新兴的共享基础架构的方法，面对的是超大规模的分布式环境，提供数据存储、数据处理和网络服务就是它的核心。

这是一场提高社会生产力的信息技术（IT）变革，也是推动社会信息化发展的IT变革，在经历了几十年的信息化发展，从20世纪80年代开始，信息技术出现的问题已经不能通过单独的系统来解决，在一定意义上来看，这是网格计算技术的发展。在20世纪90年代，虚拟化技术从虚拟服务器的应用扩展来到更高的层次——虚拟平台、虚拟应用等。云计算技术在人们对数据的存储需求、海量数据分析需求、信息技术不断发展的背景下诞生并获得了发展，它依托于互联网，将计算、服务和存储资源提供给用户。

到了21世纪，云计算技术更是得到了进一步的发展。许多企业以此技术为基础，在满足人们需求的同时，发展一系列特色技术。总而言之，云计算技术是网格计算、虚拟化技术、分布式处理和并行处理的发展，是信息技术发展到一定阶段通过商业的手段在社会中表现出来的一种基于互联网的超级计算模式。

二、云计算的定义

云计算的概念非常之多，其主要内容包括以下几种：其一，维基百科给云计算下的定义是，云计算将计算机的相关能力以服务的方式提供给用户，允许用户在不了解提供服务的技术、没有相关知识以及设备操作能力的情况下，通过互联网获取所需要的服务；其二，中国云计算网将云计算定义为：云计算式分布式计算、并行计算和网格计算的发展，或者说是这些科学概念的商业实现；其三，伯克利云计算白皮书的定义为，云计算包括互联网上各种服务形式的应用以及数据中心提供这些服务的软硬件设施；其四，美国标准化技术机构NIST的概念为：云计算是一种资源利用模式，它能以方便、友好、按需访问的方式通过网络访问可配置的计算机资源池，在这种模式中，可以快速供应并以最小的管理代价提供服务。

通常云计算概念也可以分为狭义和广义两种，狭义的云计算指的是厂商可以通过分布式计算和虚拟化技术建立数据中心或者超级计算机，租用给客户，提供存储或计算能力方式。广义的云计算指的是服务商通过建立服务器集群，向不同客户提供在线软件、硬件、存储、计算等不同类型的服务。众多概念都是从某一方面或某几个方面对其进行描述，都不完善，但从以上的定义中可以归纳出，云计算是一种计算方式，是一种服务模式，依靠虚拟技术，在一定的规模下，以互联网为载体，以用户需求为主，按照用户需求提供动态的虚拟化的可调节的一种资源共享模式。"云"是动态调节的一种虚拟化服务资源，包括服务器、存储、网络与应用软件资源。其核心为资源池，应用客户端只需要通过互联网发送服务请求，远端的"云"服务就可以返回客户端所需的应用数据等资源，而其客户端则不需要做什么，所有的处理都在"云"端。这种通过网络的传输的分布式应用计算的方法好比过去的水电等供应方式，意味着用户所需的计算、存储能力可以同煤气、水、电那般提供给用户。

三、云计算的体系结构

（一）云计算的三层服务模式

依据云计算的定义和云计算技术的产生过程，我们可以总结出云计算技术的体系结构包括以下三层服务模式：

1.SaaS 模式

SaaS，全称 Software-as-a-Service，中文为软件即服务，其服务模式是指软件统一部署在云端，用户通过互联网获取软件及程序应用。在这种模式中，云服务厂商负责软件及相应硬件设施的管理及维护，用户根据自身业务需求，通过互联网向云服务厂商购买其所需的应用软件服务，服务的不同、时间的不同，价格也相应不同，通过这种方式来获得相应的软件服务。与传统软件的使用方式相比，用户可以向云服务厂商来购买相应的信息化服务，而不用花费大量的金钱来购买其信息化发展的软硬件，也不必花费大量的精力、金钱来培养相应的信息化建设人才，节省了大量的资金和人力成本，可靠性相对来说也更高。对于用户来说，SaaS 模式是以较少的成本获得先进技术的最好方法，也是通过互联网最具营运效益的模式，也是云计算技术发展比较成熟、应用相对来说比较广泛的服务。

2.PaaS 模式

PaaS，全称 Platform-as-a-Service，中文为平台即服务，其服务模式是指把开发环境、服务器平台、计算环境等作为一种服务来提供，平台为用户提供了一个应用软件的全面开发环境，用户通过互联网连接云端，通过平台来开发自己的应用程序，构建并运行其所适合的应用。软件开发人员通过 PaaS 服务，可以在不购买服务器等硬件资源的情况下开发新的程序，并且还可以通过平台所提供的附加管理功能对其开发的程序进行管理，实时了解其软件的运行状态，从而相应地做出一定的对策。通过云计算平台，用户可以方便地进行个性化的应用服务的定制，以此来满足自身多层次、多样化的信息需求；与此同时，也可以提供一些开发工具，帮助用户在平台上构建服务，从而帮助用户快速有效地构建属于自己的信息系统等应用。

3.IaaS 模式

IaaS，全称 Infrastructure as a Service，中文为基础设施即服务，其服务模式是指云计算服务商提供虚拟的硬件资源，包括虚拟的主机、存储、网络和安全等一系列资源。用户无需购买任何基础硬件资源，他们只需要通过互联网来租用这些基础设施资源来进行服务器部署及获取其所需的计算能力和存储能力。

云计算平台通过虚拟化等技术将电子设备等硬件资源虚拟化成信息资源池，用户通过购买或租用的手段来使用。这种模式对于用户有以下两个好处：一方面，根据临时的突发信息化需要来购买基础设施服务。对于用户来说，企业在信息化发展中，偶尔会出现一些突发情况，对信息化的基础设施有较高的需求。比如，企业偶尔需要一定的计算处理能力来进行一些整年或多年的数据统计，对一些图片或者文档资料进行统一的格式转变，等等。对于企业的信息化管理部门来说，为了不影响在线业务的处理能力，其在采购信息化硬件时只能参照业务的最大需求量来计算，从而保障企业信息化系统的正常运行。但是，这些购买来的基础设施硬件资源在满足次数不多的应用后其余时间其性能是完全空置的，这在电子设备更新换代极快的时代造成了企业资源的大量浪费。相比这种信息化资源利用模式，在云计算技术应用的模式下，用户可以通过云计算平台来临时租用其中的基础设施资源服务来满足信息化发展的临时应用，在保证了企业内部的信息化应用需求的基础上极大地避免了投资浪费，从而减少了企业信息化发展中的不必要的成本，保证信息化发展资金得到有效利用，投入到更需要的核心业务上去。另一方面，实现企业信息化发展硬件设施服务的外包。企业不单单可以依据自身临时信息化发展需求来购买云计算的信息资源服务，还可以长期购买其信息化发展所需的硬件基础设施来满足企业信息化发展需要，这种应用手段不必考虑基础设施的日常维护，不必考虑基础设施的更新换代，不必考虑基础设施的资源提供能力，大大减少了企业的信息化投入费用和基本维护成本。

（二）云计算部署方式

云计算技术的部署方式有三种，即公有云、私有云和混合云。公有云一般是面向中小企业、大众人群，一般由政府或事业部门基于互联网提供统一的服务。对于中小企业和普通大众来说，它们通过网络可以动态地、灵活地、自助地获取公有云中的资源，而不需购买任何的硬件、软件，不需要考虑数据的存储、安全问题。私有云则是由企业内部完成，基于企业内部网络建立起来的私有云计算平台，外部无法获取到相应的资源。私有云的主要目的是为了让企业内部可以灵活地部署基础设施，方便使用，从而控制和运行内部的应用程序。在私有云的基础上，联入公网并提供云计算相关服务，则变为混合云服务模式，它是在企业需求的基础上形成的，企业使用虚拟化技术在企业内部构建了属于自己的私有云，同时也可以选择使用公有云，两者结合从而形成了混合云。混合云有助于企业在应用和成本中做出平衡，有助于企业降低在云数据迁移中产生问题的几率，更有助于企业的长期发展。

四、云计算的重点技术

云计算是分布式处理、并行处理和网格计算的发展，其根本原理是将计算分布在大量的分布式计算机中，存储数据中心的运行与互联网类似，用户只需要应用其所需的业务系统而不必考虑后台的各种支撑资源。云计算使用了多项复杂技术，其中的编程模型、数据管理、数据存储、虚拟化和云计算平台管理技术最为关键。编程模型是一种简化的分布式编程和高效的任务调度模型，在过去的信息系统中，为了更好地利用多任务操作系统的优势，并行执行是一种较为常见的编程模型，比如采用多线程、多进程的技术来提高处理能力。对于云计算技术来说，高效合理的编程模型对云计算系统中的各个应用程序开发十分重要。它是一种高效的任务调度模型，能够准确处理大规模数据集。其在执行命令时可以通过操作将数据分割成不相关的模块区域，然后将数据处理结果归纳，最终完成程序的开发，分配给计算机进行并行处理，对于这种编程模型，编程人员只需要关注应用程序自身，不需要去考虑后台复杂的并行运算和任务调度过程。

数量较多的用户就是分布式存储技术云计算系统面对的对象，其必须提供较高的数据处理能力和存储能力，因此采用分布式存储技术来存储大量的数据，并且通过冗余存储的方式来保证数据的安全性。对于数据存储技术来说，存储的可靠性、输入/输出（IO）的吞吐能力和可扩展性是其核心的技术指标。传统的信息系统的数据存储方式主要有直连式存储、网络接入式存储和存储局域网等。在存储可靠性方面，在提供 IO 吞吐能力和可扩展性方面，直连式存储依赖服务器的操作系统进行数据的 IO 读写和存储维护管理，很难满足大型的信息系统对性能的要求。网络接入式存储和存储局域网的基本策略都是将数据从服务器中分离出来，采用专门的硬件进行集中的管理，其本质是计算和数据的分离。云计算的数据存储系统指的是一个可以扩展的分布式文件系统，其主要针对海量的数据访问和大规模的数据处理而设计，采用简单的存储设备模式，在满足日常应用安全性之后，可以提升存储的运行性能，在大量客户端的分布式计算中，降低每个客户端的处理压力，保证了数据的存储要求，使数据的 IO 处理不会变成系统运行的瓶颈。

海量数据管理技术的是对大规模的数据的计算、分析和处理，云计算系统存储的数据量非常大，其必须具备能够管理大量数据的处理能力。在数据管理技术中，确保海量数据的管理是用户非常关心的问题。数据管理系统必须具备高效、高容错性和在异构网络环境中运行的特点，在目前的信息化建设中主要采用集中的数据管理方式，为了更好提升系统的运行性能，也采用了数据缓存、索引和数据分区等技术手段，在服务器集群中进行任务分工的方法，从而降低数据库服务器负荷并提供系统的整体性能的方式。在云计算平台中，我们必须建立数据表结构，采用基于列存储的分布式数据管理模式，将数据分散在大量同构的节点中，从而将处理负荷均匀分布在每个节点上，提高数据库系统的性能，从而满足海量数据管理、高并发和极短的响应时间要求。

云计算系统的核心组成部分之一就是虚拟化技术，它是将各种计算及存储资源充分整合和高效利用的关键技术。虚拟化技术实现了软件应用和底层硬件的隔离，包括了将各个资源划分成多个虚拟资源的分裂模式和将多个资源整合成一个虚拟资源的聚合模式。虚拟化技术根据对象分为存储虚拟化、技术虚拟化和网络虚拟化等。计算虚拟化又可以分为系统级虚拟化、应用级虚拟化和桌面级虚拟化，借助于虚拟化技术，能够实现系统资源的逻辑抽象和统一标示，将计算机资源整合成一个或者多个操作环境为上层的云计算应用提供基础架构。通过虚拟机，我们可以降低云计算服务器集群的能耗，将多个负责较轻的虚拟计算节点合并到一个物理节点上，提高资源的利用率，还可以通过虚拟机在不同的物理节点上动态漂移，获得与应用相关的负载平衡性能。虚拟化技术有助于确保应用和服务的无缝链接以及获取隔离的可信计算环境。

云计算平台的规模比较大，其中的硬件设备较多，甚至分布在不同区域内，运行着成千上万种应用程序。云计算平台管理系统是云计算的"指挥中心"，通过云计算系统的平台管理技术能够使大量的服务器协同工作，更快捷的进行应用程序部署和开通，快速发现问题，恢复系统故障，从而以自动智能化的方法实现大规模系统运行的可靠性和安全性。

五、云计算的五大特点

云计算技术改变了传统的以个人电脑为中心的模式，开始转变为以互联网为纽带实时提供服务的平台，其概括起来具备以下的特点：其一，动态管理能力。每个用户的需求是不同的，云服务厂商必须提供一个动态的管理能力保证及时满足用户需求，云计算平台可以动态地配置各种资源以保证用户所需。其二，在线扩展能力。云计算通过动态扩展虚拟化，实时将服务器加入到现有的服务器集群中，增强了各层次云计算能力。其三，优化资源管理。云计算是虚拟出来的技术，可以依据用户实际需要来使用各种资源，避免了信息化投入的浪费，也避免了电子垃圾的产生。其四，云计算具有高性价比。云计算对于客户端的要求不高，用户只需提出自己的需求，所有的处理均在其看不到的云平台来实现，这样既可以得到强大的处理能力，又不必投资改造本身的硬件设施。其五，云层管理的高可靠性。用户所需的各种资源都是由云计算平台来管理，不存在用户平时的单点故障，极大地保证了用户的信息化运行。

以以上特点为基础，云计算技术表现出了如下的优势：其一，性价比较高，用户不需要配备其所需的硬件设备及较多的信息化技术人员，只需要提出需求即可；其二，自动升级，各种硬件设施可以随时满足应用程序所需的服务资源；其三，适应性强，在多种技术建立的应用环境中，用户可以选择适合自己的配置环境；其四，促进业务创新，业务流程提高了业务的灵活性，动态优化的资源随时可以满足业务需求，及时地响应了用户的需求；其五，维护简单，所有的资源均是通过互联网采取浏览器的处理模式，用户不必担心系统的安装维护等各种问题，所有的处理均在云端。

六、云计算具有的问题

云计算明明具有这么多的优势，其在经历了这么多年的发展为什么运用得不是很广泛呢？这是因为其在实际应用中也存在一些问题，例如数据隐私的问题、安全性问题、用户使用习惯问题、网络传输的问题、软件应用许可证问题，等等。

（一）云计算的数据隐私问题

企业的运行状况的直接反应就是数据，在传统的模式中企业对于数据隐私也极度保密，对于应用于第三方云计算服务商，如何保证数据隐私不被他人非法使用，这需要云计算服务供应商不断改进技术来保证数据的隐私，与此同时，也需要国家法律部门完善法律制度，在一定程度上保证数据隐私。

（二）云计算的数据安全性问题

企业拥有的数据也可以换算为金钱，在企业部分的系统的运行中表现的就是金钱，如果数据的安全性出现问题，数据安全得不到保障会直接给企业带来致命的打击。如果云计算服务商不能提供非常完备的数据安全方案，云计算技术的应用将会受到极大的遏制。

（三）云计算用户的使用习惯问题

用户往往存在一定的思维定式，不愿意接触应用新出现的技术，如何扩大云计算技术的影响力，从而改变用户的使用习惯，使其来适应新技术的应用模式，这是需要一定的过程才能渐渐改变用户的想法的。

（四）云计算的网络传输问题

云计算技术的一些应用服务需要依托于互联网来实现，现在国内的互联网正处于一个高速发展的过程中，高额的成本和与之不相匹配网络服务成为制约云计算技术发展的主要因素。因此，云计算技术能否快速发展并在国内大量运用也依赖于网络技术和网络传输的发展。

（五）云计算的软件应用许可证问题

云计算提供的服务对象众多，其提供了操作系统、应用软件等各种服务，但是其终端用户并没有相应的系统、应用软件的许可，这就会造成侵权问题的出现，如何收费、如何避免侵权问题的发生也是云计算需要面对的问题。

（六）云计算的数据主权问题

当数据和资源被虚拟化并广泛分布的时候，在法律和政策的约束条款中，我们需要特别着重关心的就是数据主权的安全性问题。数据主权仍然存在许多尚未解决的新问题，其中每一个都需要进一步研究。例如，什么是确定和安置已知和可信的地界标最正确的方式？这种角色政府是否能够扮演得好？我们能够授予一些特定数目已知或未知的诚实地界标作为可信的全球广域网吗？相关人员在技术方案难以解决问题的时候，为了阻止和惩罚不法行为而作出的法律修补规定经常是在已经发生了欺诈行为后制定。同样，关于法律保护可用于在地理位置不可知的云中存储的数据，其仍旧存在法律定义上的模糊。

第二节　云计算在医院信息化中的应用

一、分析医院信息化云计算应用的可行性

医院的管理流程是由医院的信息化程度决定的，医院有服务于病人和医护人员的医院管理信息系统，有内部沟通的办公室自动化系统，有教学需要的医学研究及教学系统，同时也有国家正在提倡的区域远程医疗系统，等等。对专职于医疗的医院来说，它们面对着信息化基础设施及维护人员成本较高、专业人才不足等问题。同时，随着病人数量的增长，系统的细分化、专业化，医院的数据量以爆炸式的速度增长，医院内部的设备同时快速增长，医院不断地采购更多、更先进的电子设备来保证各种应用的运行。但是随着设备数量的增加，各存储之间各自独立，难以管理和充分利用。云计算是一种计算模式，其主要功能是解决服务器及终端之间数据资源的共享问题，可以使电子设备资源利用达到最大化。其架构可以分为外部架构和内部架构两种。

（一）云计算的外部架构

从外部来看，云计算技术指的是将企业的数据处理能力和相应的基础设备资源从企业内部应用转变为云服务厂商所提供的云端。云服务厂商给企业提供了一种看不到实际基础设施资源的软件应用模式，其通过虚拟化技术将基础硬件设施资源进行整合，按照用户的业务需求进行动态的管理，在基础设施可以提供的最大范围内自动分配相应的需求。在云计算技术的应用模式中，企业可以依据需求来应用其所需的信息化资源，并且可以根据相应的发展来调整系统软件进行开发测试。用户可以随意界定资源需求，比如数据处理能力、数据存储需求等，云服务厂商依据用户需求提供相应的基础设施资源，保证用户的信息化发展。

（二）云计算的内部层次结构

实际上，云计算的内部层次结构是三种服务模式层次的再构造。这些内部层次界定了提供的服务级别。最底层是物理层，包括了企业信息化发展中根本——基础设施硬件资源，比如数据处理、大容量存储空间和网络资源。其提供的是硬件即服务（Hardware-as-a-Service，简称 HaaS）。电子设备基础实施资源虚拟化、信息技术自动化和按使用资源的多少来确定服务费用的必然后果是，用户可以购买或者租用整个存储数据中心来订购云计算服务。HaaS 是按需分配的，灵活的、可动态分配的，并且是可管理的。这就可以降低用户的成本，也降低了电子设备基础设施资源闲置和利用率低下的风险。

统一资源层可以分解成两个小层次，也就是所谓的虚拟层和基础设施层。虚拟层提供的服务是 SaaS，其价值是以计量服务的形式提供存储数据中心。用户按照所使用的存储数据容量和对带宽的利用率进行付费。另外，它还为互操作性和外部应用程序编程接口（application programming interface，简称 API）提供了内部机制，例如 Web 服务。基础设施层提供的服务为 IaaS。其价值在于将诸如计算资源和存储等的基础设施作为服务进行出租。这意味着虚拟计算机不仅具有处理能力，而且为存储和互联网访问预留了带宽。实际上，IaaS 具有在有特定服务质量约束的情况下出租计算机或数据中心的能力，这样，它就执行任意操作系统和软件。IaaS 只提供虚拟化的硬件，而没有"软件栈"。客户提供一个镜像，该镜像在一个或多个虚拟服务器上被调用，这样在很大程度上降低了与云计算资源相关的管理成本。平台层提供的是 PaaS 服务。其价值在于可以预先界定和选择，或者提供一个镜像，该镜像包括所有的特定于用户的应用程序。PaaS 类似于 IaaS，但是它包括操作系统和围绕特定应用的必需的服务。例如，除了虚拟服务器和存储外，PaaS 还提供了一个用于定制应用的定制"软件栈"。PaaS 可描述为一个完整的虚拟服务平台，它包含一个或多个服务器、操作系统，以及特定的应用程序。

顶部应用层可以提供的最简单服务是：应用程序。这一层被叫做 SaaS，它是云计算厂商提供的应用系统，用户通过互联网来操作应用，其最大的意义在于云计算厂商提供便捷的服务。服务方式可以量化，云计算厂商可以自由地来进行计费给用户提供服务。一种早期的 SaaS 方法是动态服务器页面（active server pages，简称 ASP）。ASP 提供对互联网上存放或交付的软件订阅。ASP 交付软件，并根据软件的使用情况收费。这样一来，用户就不必购买软件，只需随时租用软件。另一种是在互联网上使用远程执行的软件。这种软件可以是本地应用程序所使用的网页服务，也可以是通过网页浏览器看到的远程应用程序。除此之外，云计算技术提供了标准的格式，可以大大方便用户内部不同的数据格式转换，由于是统一的存储共享池，可以方便用户统一的信息资源，提高了企业各种系统的数据源标准，提高了工作效率，方便了企业各部门之间、各系统之间的资源共享、数据利用。云计算技术使得用户不用考虑各系统之间的数据交换，大量的接口应用单点故障，提高了系统应用的可靠性。从这个框架中，云计算的技术意义可表现在以下几个方面：

首先，与企业自己所能提供和管理的资源相比，云计算所提供的资源更廉价。企业心甘情愿地放弃对自己基础设施资源的控制，而让它们虚拟地存在于"云"中的最重要原因就是节约了成本，包括了管理成本和应用成本。管理成本主要体现在对基础设施资源的安全管理和升级维护，应用成本主要体现在开发企业自身管理系统和购买其他应用软件上。企业的数据存储资源存放在云端，由云计算服务提供商帮助管理这些数据资源，并且提供企业所需的应用软件为用户节省了大量的成本；其次，云计算可以动态地进行扩展和管理。云计算服务商可以根据用户的实际情况来提供资源，在资源不足的情况下随时扩展，也可以根据用户需求来进行动态的资源扩充；最后，云计算在环保方面的优势是它可以在不同的应用程序之间虚拟化和共享资源，以提高服务器的利用率。在"云"中，我们可以在多个操作系统和应用程序之间共享虚拟化的服务器，从而减少服务器的数量，节省大量的空间，也节省电力、空调的使用等。故此，云计算节约了成本，节约了能源，是绿色的信息技术。建立数据中心的用户着眼于如何生产出对环境影响最小、能源利用率最高的产品。

医院信息化的发展建设和用户一样，它们完全可以应用云计算技术，所有的软件、硬件均由云服务商提供，医院专心发展医疗技术，提高医疗水平，更好地为患者服务。但是云计算技术的发展时间较短，本身具有一定的不成熟性，而医疗行业具有系统的复杂性和信息安全性的特点，因此医院信息化发展建设的云计算还无法大规模应用。目前，在医院可以运行内部基于 IaaS 基础设施的私有云建设包括运行医院的桌面终端的虚拟云计算，应用医院的服务器虚拟化及存储资源池的虚拟化应用，在区域医疗云服务平台的建设中，我们可以做一些 SaaS 和

PaaS 的云计算技术尝试。医院运用云计算技术来加速医院的信息化发展要达到以下几个目标：

其一，随心所欲的数据存储。随着个人数据和医疗数据存储的需求及重要性越来越突出，云计算技术将改变传统的数据存储方法，实现随心所欲地存储数据。云计算将数据存储交付于云数据存储中心，用户不用担心由于物理终端的损坏或病毒攻击，导致硬盘或者存储上的数据无法恢复、丢失或泄露，同时用户也可以在任何时间、任何地点，采用任何设备登陆至云计算平台获取所需的数据和材料；其二，不同终端的数据共享。联接到云平台，云计算网络的扩展功能使得数据存储于云平台，所用的终端设备可以同时访问或使用同一份数据，实现数据共享；其三，简单快捷的终端设备。在云平台中，我们对快捷终端设备的要求较低，用户的应用程序均在云平台上直接使用，同时终端出现故障时，并不影响用户的实际操作，只需要更好的终端就可以继续操作应用程序；其四，动态分布资源。在云平台中，用户可以依照自己的需求，定制相应的服务、应用和资源；其五，专业素质的改善与提升。相比于以前的不重视，现如今很多医院都比较重视自身医院的信息化建设，只有掌握技术，才能将医院的资源与信息等进行合理化使用。医院在信息技术方面的重视，自然在人才的使用方面也是最优的，信息系统的主要系统都是由熟悉流程的一流专业技术人员集中统一开发，在具有通用性的情况下保留了个性化定制，上手轻松，解决了相关用户信息化素质水平较低这一突出问题。而且随着网络信息的发展，医院病人随时可以在云计算搭建的医院信息平台上查阅自己的病况与实录，通过使用手机就可实现这一操作，而且还可以进行电子缴费等相关环节，甚至还可以在线与医生互动等，方便快捷。

二、云计算在服务器与存储数据中心的运用

（一）医院服务器与存储情况

医院的信息管理系统必须具备非常高的稳定性和业务连续性，这是由医院的业务性质决定的。目前，国内医院较重要的应用系统的服务器和存储配置均为两台或更多，以满足设备需求，而且各系统设备之间彼此独立，即使应用系统相对来说很小，考虑数据库不统一等原因，也需要配备相应的服务器和存储设备，各种系统之间接口的服务器、日常软件测试的服务器等造成了医院机房内设备越来越多，供电、空调等设备基本饱和，能耗极高，造成了相当大的能源成本。而

且应用的部分服务器、存储资源并没有被完全利用，资源利用率非常低，但也存在相当数量的服务器和存储无法满足它的服务水平目标。服务器和存储部署周期较长，扩展困难，要历经预算、采购、安装测试及上线等过程，难以及时地响应业务需求，也因临时采购整个服务器规划及存储数据中心不统一，资源配置不科学，给运营维修和管理造成了极大的困难。

（二）在服务器与存储中心的运用

医院可以将应用的服务器、存储进行虚拟化，搭建服务器云平台、存储数据中心云平台。服务器、存储虚拟化技术可以从两个方面来做：一方面是将单个高配置的服务器虚拟成若干个配置较低的独立的服务器终端，用户可以在独立的服务器终端部署不同的应用；另一方面是将若干个分散的服务器虚拟成配置较高的服务器群组，从而提高服务器的利用资源，可以部署较大的应用。在真实的应用环境中，我们一般考虑将多个服务器组合成一个服务器云平台，后端接入存储数据平台和集中备份设备，由虚拟控制管理软件对所有的服务器和上面的虚拟机进行管理，并进行动态的资源调整。当某一个服务器资源繁忙或者宕机（死机）时，其上运行的虚拟机将根据预先的资源配置策略实时迁移至其他的服务器上。存储的架构一般采用存储区域网络（storage area network，简称 SAN）架构，各个虚拟机上的文件均存放于存储数据平台中。通过 SAN 存储架构，可以实现最大化的发挥虚拟架构的优势，我们可以进行在线实时迁移的策略，并且进行动态的资源管理和基于虚拟机快照技术的整合和备份。

（三）在服务器与数据存储中心运用的意义

首先，云计算技术可以节省空间，节省能源。随着医院信息化的发展，机房空间逐渐不足，空调等逐渐接近满载，能源的消耗较大，在应用虚拟化后，服务器、存储设备的减少可以极大地减轻机房辅助设备的压力，从而降低医院的建设成本和能耗成本；其次，资源整合，将所有的服务器和存储整合成统一的资源池，云计算技术可以按需或动态地分配计算资源、存储资源，分配一定的规则配置业务优先级，自动化的硬件维护，从而简化管理，提高资源利用；最后，可以实时在线迁移，提前迁移应用使其远离失效的硬件设备，这大大降低了系统重复安装和灾难恢复的时间，减少硬件故障的宕机时间，提高服务器和存储数据中心的持续高可用性，使资源利用率达到最大化。

（四）在服务器数据存储中心运用存在的问题

首先，医院较重要的信息系统安装在小型机上，虚拟化软件存在一定的风险，且调试过程较长，实际环境中无法安装；其次，初期投入费用较高，虚拟化软件的授权按照中央处理器（central processing unit，简称 CPU）或者服务器存储数量收费，需要一定的规模才具有成本优势；再者，服务器过于集中，如果出现故障影响面较大，需要考虑充分的容灾设计，增加了投入成本；最后，虚拟化软件并不是十分完善，对于部分外设不支持。

三、桌面终端的虚拟云计算化

（一）医院桌面终端情况

在新医改中，相关人员明确提出了信息化技术是实现卫生改革跨越性发展的重要技术支柱，在各个医院中应用信息系统越来越多，相应的应用终端也在医院的各个角落应用。桌面云终端技术的发展是多方面要素促成的。一方面是网络信息维护人员的需求，其面临的状况是异构的平台，复杂的系统架构，复杂的用户需求，快速增长的终端数量，软件安装、补丁和升级，对多种操作系统的需求，软硬件更新的周期，复杂的客户机种类，繁琐的安装部署，大量的维护支持，能源的消耗，数据安全的防护，数据的灾难恢复，兼容性的风险，硬件资源的监控等各种问题；另一方面是医院领导的需求，其需要随时随地办公，需要不断地减少应用成本。

（二）实施云终端桌面

目前，云终端桌面技术较为成熟，对于医院来说也是比较容易接受和实现的模式。云终端桌面的实现是服务器、存储数据中心云计算的补充，可以实现资源利用管理最大化，其后台的运行主要依托于服务器、存储的"云"化，由基础设施层、虚拟化层，以及云管理层构成的云平台。终端桌面大多采用升腾、天云等瘦客户机作为终端设备，也可通过 PC、智能手机、平板等多种终端通过思杰系统（Citrix）等虚拟化桌面软件进行云服务架构，后台采用云服务器平台加存储中心的方式。云终端桌面目前采用的基本是虚拟桌面技术，后台采用多台服务器或刀片服务器做 n+1 冗余配置，联接两台存储，做虚拟化配置，终端一般为瘦客户机设备，含有 CPU、内存、闪存等，无风扇、硬盘设计，云终端闪存中有终端登录系统，登录至服务器的个人桌面。我们也可以任意选用终端安装云桌面登陆软件使用个人桌面。显示在用户面前的只有显示屏、键盘、鼠标、云终端桌面设备，人人都有一台属于自己的电脑，但是在云终端桌面中，用户无法接触到属于自己的虚拟电脑，所有的电脑资源都在后台，用户只需要操作使用即可。

（三）云终端桌面带来的益处

云终端桌面构建了统一的云计算平台，带动传统的信息基础架构向云计算推进，实现了计算、存储资源集中、云数据中心统一调度管理，同时也解决了传统的终端带来的信息安全、办公效率、运维管理等多方面的问题。在实际的应用中，云终端桌面具有以下几点优势：其一，安全性较高，云终端桌面资料存储于后台，基本不存在因硬盘故障丢失，在云终端感染病毒后，也可以利用虚拟化软件的"快照"功能恢复；其二，可以动态分布桌面计算、存储等资源，我们可以根据用户实际需求划分应用资源，避免浪费；其三，故障率较低，维护管理方便。云终端没有电源风扇、硬盘等易损坏部件，故障率较低，而且单点的硬件故障不影响使用，用户可以更换终端继续使用自己的云终端桌面，同时系统瘫痪可快速恢复；其四，相比传统终端节省了大量能源，云终端的功耗约在 33 瓦，其加上服务器功耗约为传统终端的 60%；其五，云终端桌面对终端没有技术要求，对于移动医疗有了很大的方便，各种手机、平台等设备均可用于医疗办公；其六，云终端桌面对网络质量要求较低，占用带宽较少，租用较少的带宽量就可以实现区域医疗或多院区信息系统一体化。

四、区域医疗基础架构服务云平台

（一）区域医疗基本情况

随着"人人享有基本医疗卫生保障"的目标指出，并在新医改中明确提出了"加快医疗卫生信息系统的建设，以建立居民健康档案为重点，构建乡村和社区卫生信息网络平台"，区域医疗成为了国家医疗卫生发展的一个重要方向。在以往的就诊过程中，病人的流动是无序的，就诊信息是非共享的，各级医疗机构互相独立，这样既影响就诊过程的流畅性，又浪费资源，增加患者的就诊成本，也是间接造成患者看病难、看病贵的原因之一。如何使病人的基本信息以及就诊信息、临床记录共享；如何使医疗机构以及社区医疗服务站之间资源、信息、知识共享；如何创新的院间服务模式，远程会诊、双向服务预约、双向转诊服务；如何将病人的就诊无序性转变为有序管理；如何更好地开展远程医学会诊，在便利患者的同时提高基层医生在实际工作的经验，以上内容都是我们应该关注的问题。区域医疗平台的建立将极大地改善病人的就诊难题。如何保证区域医疗平台更好地实现，信息化技术就成了其重要的支撑部分。区域医疗，顾名思义，其涉及的是一个区域，其信息化服务平台按照传统的信息化建设需要大量的人力物力，而且需要处理能力极高的硬件支撑，同时要求相应的医疗机构、企业等同步升级，一旦哪个环节出现问题，区域医疗将不再完整。云计算技术的发展给区域云服务平台的建立提供了一定的技术支持。

（二）区域云服务平台实施计划

在实现了云终端桌面和服务器、存储数据中心的云平台之后，区域医疗云服务平台的基础设施已经可以搭建起来。区域医疗云服务平台指的是以区域为中心构建云服务平台数据中心，将二、三级医院以及社区医院中的个人健康数据和医疗数据集中存放，同时将医院的重要医疗数据资源也集中存放；提供卫生监督部门和个人家庭用户的信息查询功能，方便医疗数据间共享。区域医疗的云平台是一整个云计算方案的系统应用，它包含了 IaaS、PaaS、SaaS 三种服务模式的应用。云服务平台需要建立 IaaS 数据中心，将各种服务器、存储及网络资源按照策略配置成动态的无需管理的资源池，在此基础上构建业务所需的 SaaS 云计算服务软件，最后形成了 PaaS 云计算平台，整合了区域医疗所需的所有业务，支撑所有应用的技术平台，通过统一的业务平台，形成个人、医院、企业和卫生行政部门的不同应用，实现系统的整合、统一、高效的访问接入。区域医疗云服务平台的建设可以使医疗服务机构随时随地来获得病人就诊信息，从而提高诊治效率；居民也可以实时掌握个人的健康信息，节省就诊支出；公共卫生人员可以全面掌握区域内人群的健康情况，从而做好疾病预防控制工作；卫生行政管理部门可以实时了解区域内医疗卫生资源的利用信息，实现科学管理和决策，对区域内的医疗服务质量进行监督和管理。

作为医院来说，它所在区域医疗云服务平台负责提供医疗服务机构的临床业务数据和病人的健康档案数据等，并进行数据格式转换、数据交换等工作内容，通过区域医疗云服务平台来进行数据分类整合，建立起全民健康档案，将数据提供给各个需求方。相关人员也可以利用区域医疗云服务平台获得就诊人群的健康情况、既往病史、各种影像检验资料，起一定的辅助作用，从而帮助医生更高效地诊疗，降低患者费用，实现区域内的一卡通、双向转诊、一单通等区域协同医疗服务。利用云服务平台，我们可以构建医院、医保、新农合系统"三位一体"的运营平台。

第三节　云计算在会计信息化中的应用

一、分析云计算在会计信息化应用中的相关理论

（一）建设会计信息化

1.增强法规建设和基础设施投入

伴随着互联网、云计算技术的发展，原有的会计电算化制度可能已经不能满足现代会计信息化的发展需求。为了更好地推进会计信息化的建设，政府应从全局考虑，对会计信息化的发展进行科学的规划，完善会计信息化建设机制，加强会计基础的标准化、会计信息标准、网络安全等方面政策法规的修订，提供一个良好的政策环境，推进会计信息化的发展。国家的战略资源就是信息资源，政府应积极引导和加大对大型数据中心、网络传输等基础设施的投入，更好地推动会计信息化的建设。

2.建立不同层级的会计信息系统平台

相关政府部门提出了关于建设会计信息化平台的建议，以企业事业单位的会计信息、标准化为依据来建立会计信息化平台，将所有的会计信息都做出相应的标记，以此来实现信息的共享、信息的监督，使通过会计信息系统平台处理的数据便于理解，这样既可以让政府机关、内部机构或外部投资人清晰明了地使用财务报告，又可让社会群众对某企业的财务报告数据有一个简单理解，这样才能使企业更好地接受监督，从而有利于企业的发展。相关政府部门还应该对各种会计信息资源进行整合，要想构建以云计算为基础的会计信息平台，需要对可扩展商业报告语言（XBRL）和会计信息化软件有更深的探究。

（二）云计算在会计信息化中的运用模式

将云计算技术应用到会计信息化中，实际上，这种做法就是通过构建网络的虚拟会计系统，使企业完成真实的会计核算和管理等会计相关工作。由于采用云计算技术的会计信息化平台只需要在有网络的环境下就能应用，因此，我们也就

不需要安装任何程序。要想使云计算更好地应用于会计信息化中，我们就要根据企业相应的需求，对网络的存储设施、计算交付能力、管理平台，以及数据资源等进行集成化设计。

（三）云计算在会计信息化中的优势

云计算技术运用到企业的会计信息化当中有显而易见的优势：首先，其降低了企业的运营成本。企业对运营系统的建设不再需要一次性地投入大量的资本，而是选择适合的云计算服务商，根据自己对服务的使用需求，仅需付出一定的租金，而不用像原来一样，对相关设备进行大量的资本投入，这就使运营成本大大降低，适当缓解了企业的资金压力；其次，可为企业提供个性化服务。例如，如果某项业务的处理在现有的业务系统中无法完成，我们就可根据业务需求进行的业务流程的变动，在会计信息化平台中随时进行相应的改变，以使业务顺利的进行，而且此过程不需要人为的设计，云计算系统会智能响应，只需要把需求向系统提交；再者，在会计准则发生改变时，云计算系统的服务商会及时提示相应的会计处理办法，这样就能使企业在处理业务时符合会计准则办法，减少了由于系统设计上做出相应改变的间隔而造成与最新的会计准则、会计处理办法不一致所带来的影响；最后，将云计算技术应用到会计信息化中，由于云计算可以实现大规模的数据整合与存储，实现信息的实时共享，这种现象对于企业尤其是经常异地办公的企业来说就很有优势，可以随时随地获取企业的最新状况，有助于企业更好的发展。

（四）云计算在会计信息化中的劣势

凡事有利就有弊，云计算也是如此，在会计信息化建设的应用中，它还存在不足之处。首先，安全问题，安全性和隐私问题已经成为阻碍云计算发展并继而制约企业会计信息化进程的一个重要瓶颈。因为云计算是在互联网之上完成建构的，数据的处理和存储都在远程的云端上完成，在面临严重的网络攻击时，用户会面临着数据丢失和隐私泄露等风险。对于企业而言，财务的账目和统计数据以及报表是企业单位的极为重要的核心机密，不少企业对"云会计"持谨慎态度；其次，个性化服务体系尚不完善。企业在选用"云会计"的时候，会关注它们在技术和服务上是否能够满足企业的个性需求，看其是否能根据本企业的数据处理特点"化云为雨"，对企业进行"良性浇灌"。而目前根据企业特点量身定制技术和服务这一领域还尚处于起步阶段；最后，当前国家相关政策法规还不够健全，行业管制框架有所缺失，导致"云准备度"还远远不够，这也直接影响了云计算在企业会计信息化建设工作的应用进程。

（五）会计信息化发展趋向

云计算是一种主要依据数据库将大规模的数据集中化，并按照使用者的需求转化为服务的一种业务模式。其本质就是一种更加智能的外包服务，无论从其灵活性、运行周期还是成本控制方面都是传统的外包业务无法相比的。云计算技术在国内还正处于初级阶段，还存在一些尚未探索到的未知问题，但是不能因为其存在的一些不确定因素就否认云计算在技术方面的先进性。云计算作为一种全新的商业模式，很可能会带动银行的商业转型，改变其经营理念，促进行业间的合作等。在未来银行业云计算的发展中，云计算技术也将会从产业链、客户、收入模式等进行转型创新。

二、云计算在会计信息化中的应用可行性

（一）经济可行性

伴随着电子化信息技术的逐渐发展，网上银行、支付宝等业务的不断出现，金融业务不断转向了电子化平台，在新的电子化业务模式下，传统的银行业务也受到了不小的影响。云计算技术的发展，为商业银行会计信息化发展提供了技术支持。一方面，云计算技术的灵活性和可部署性，加快了新业务模式的应用和推广；另一方面，将云计算技术应用到会计信息化当中，可以降低运营成本。银行不再需要将大量的资金投入到新业务模式所需的物理设备中，也不需要定期地进行维护修理，这一切都将由云计算的虚拟系统自动完成，银行只需要根据所享受的服务付出相应的租赁费用即可。互联网数据中心的数据调查表明，使用传统的会计信息化系统含有的隐形成本高达70%，由于云计算供应商提供的服务属于规模经济，使用的人越多，用户分摊的费用也就越小，这就为云计算在银行业会计信息化的运用中提供了经济支持。

（二）技术可行性

云计算技术在很多企业中的开发测试环节已经呈现了初步的优势，云计算应用到会计信息是一个生产、集成、分布数据资源的一个全过程，并非是一个简单的使用。处在转型期的商业银行的业务发展迅速，其对数据资源、会计信息系统

的需求也在不断地变动，而且越来越复杂，行业间的竞争压力和风险也会不断增加。云计算利用其虚拟化技术和数据中心相关技术使内部的所有数据资源进行统一收集、管理，并能根据需求进行动态部署，再加上其灵活性与稳定性，这些都将对银行的业务模式创新产生有力的支持。云计算还可以将存储的数据资源进行重新分布，把复杂的数据资源重新组合在一起，提供业务服务，能够为银行的系统运行、服务水平提供保障，为银行业和其他行业使用云计算技术给予技术可行性保障。

三、以银行方面为基础完善对策

（一）加强对核心业务数据处理管理

在选云计算供应商提供的产品时，我们要充分了解它的安全运行机制、数据保护措施和数据恢复能力，保证未经授权的用户无法登陆财务信息系统窃取数据。我们可以采用虹膜技术、指纹识别、加密等技术给银行内部的财务信息设置专属的识别信号来保障数据的安全性。此外，我们也可以对财务数据等级进行区分。对于比较重要的核心财务数据，我们可以选择先上传不重要的非核心数据到云平台上，待检验后再上传核心数据。虽然说云服务商已经为系统崩溃、网络中断等意外灾难事件做好了数据备份，但是为了加强财务数据的安全性，不能只依靠云计算技术，银行内部的员工在处理数据时也应对重要数据做个备份，专门保存在银行系统中一个专有模块里。采用先进技术进行会计工作时，我们也要有多方面的准备措施以确保核心业务数据的安全。

（二）完善会计操作避免数据失真的发生

为避免运用云计算技术的银行会计信息化在处理业务时的数据失真，我们应完善相应的会计操作。如果使用云计算服务商提供的产品，会计系统中的会计科目一般都是设定好的，但对于银行的实际业务来说，有的科目设置可能不能完全统一，所以银行会计管理人员应该合理设置会计科目，如果与云计算服务商提供的系统中会计科目有出入的话，看其是否能自行进行调整或与云计算服务商沟通，以使会计科目统一，否则如果会计科目设置的不同，在实际填写会计数据时可能会出现不按会计制度操作的行为。云计算技术由于是以互联网为基础的，所以银行在获取发票或登记发票时可以和相关政府部门进行沟通协商，为发票设置一个特定标识记号，然后在云计算的会计信息化系统中进行相应的匹配设置，这样在上传云端时，如果发票标识记号与系统中的标识记号不匹配时，就无法上传，这种做法可以避免使用假发票的现象，同时也可避免不必要的损失。

云计算技术有较强的共享能力，云计算平台将会把银行披露的信息进行实时分享到云端，这样无论是管理者、政府，还是合作企业、客户，都能第一时间看到。所以，银行的会计人员应确保信息披露的真实性，以便管理者及时做出决策。会计人员在记账并上传票据时应先进行拍照处理，及时进行上传处理。由于云计算技术形成的虚拟会计平台拥有独立第三方进行动态评审，那么一旦出现记录不及时或漏记的情况，我们就会在短时间内收到提醒。例如，银行的非现金业务窗口办理业务时，如果是对现金支票的付款业务，窗口办理人员如果没有在支票上盖上自己的名章，进行拍照上传后，系统就会出现一个提示框，随后进行错误操作提醒，这样就避免了不必要的损失。

（三）运用多条宽带提升网络平台性能

基于云计算的会计信息化是以互联网的运用为基础的，网络宽带的运行速度直接影响云会计在银行中的服务质量，由于云计算应用的范围广，涉及的领域多，这需要更多的互联网流量、优质的网络服务、合理的网络结构才能满足越来越多的使用者和越来越高的需求，以避免在使用高峰时段网络宽带不能给予充分供应，进而带来运行不畅、服务中断或者网络瘫痪等系列问题。在使用过程中，高速的网络传输和优质的服务质量可以为会计核算的连续性提供保障。在上传过程中，我们要保证网络的畅通，避免出现传输过程中网络拥堵导致会计数据的缺失，这样对财务数据的分析就会失去客观性和准确性，所以要求数据的传输速度非常快。另外，由于处理财务数据的特殊要求，在发生业务后，我们要及时地进行确认、计量、报告、核算和披露。稳定、快速的传输速度才能满足业务处理的紧迫性需要。银行在平时应用系统时也会遇到网络环境的障碍，如果正在上传极其重要的数据时，突然没有了网络，极可能造成数据的丢失。故此，银行应该同时安置多条宽带，这样如果有一条网络出现障碍时，可用最短的时间自动连接其他网络，这样即使在上传数据时发生网络障碍，也会将损失降到最低。

（四）增强创新研发力度按需开发产品

银行的基础设施云项目研发成功投入使用期间，一直运行稳定，这对银行各机构的内部业务运营以及基础设施资源的管理有很大的积极作用。基础设施云项目的成功使用不仅使数据中心的基础设施运行水平得到了优化，还使得银行数据中心的传统模式成功转向云数据中心的管理模式，加强了数据中心的安全与稳定性。同时，这项自主研发的云计算项目也使银行一直秉承的"自主可控战略"有了新一步的进展。为了继续传承银行的科技信息理念、积极响应国家对推进云计算新技术的号召，银行应该加大创新研发力度，在基础设施云项目基础上继续开发新的云产品，向软件云和平台云的方向发展。作为一个特殊的金融行业，银行业不仅办理对公及储蓄业务，还有金融销售业务等，这样一个综合的金融企业就会涉及物流、信息流，以及资金流等问题，所以银行下一步的科研重点可以放在利用云计算技术研发一个适用于本行的物流、信息流与资金流一体化管理的云系统，更好地为银行的业务发展服务。除此之外，银行应该根据自己的业务需求，把财务会计作为工作的重心，将传统的银行内部会计系统与企业资源计划（enterprise resource planning，简称 ERP）系统进行整合，提供一个全新的会计系统，可以将云计算的会计信息系统与商业智能系统进行整合，在会计信息化发展中加入智能的在线分析、财务数据存储库、数据深度挖掘等功能，这样各个财务相关部门只需要利用一个系统就可以处理任何业务，也可以随意查看其他部门的相关信息，从而使银行处理起内部的业务来更加流畅。而且对于那些与银行业务往来比较重要的合作企业，银行也可根据企业的实际业务需求，考虑为其量身定制专属的云计算的会计虚拟系统，使企业与银行之间的业务往来更加畅通，在促进企业与银行的长久合作为银行带来经济利益的同时，也能积极响应国家对云计算技术的推进需求，捍卫银行在金融业的科研创新地位。

（五）增强同行间沟通取长补短

在银行业内部的资源实现共享的情况下，若想在同领域中得到更多的发展空间，我们就要随时与外界保持联系，这也有利于云计算技术在经济领域中得到更大的磨练和开发。为了达成共赢的局面，银行可作为行业总代表，可以商议决策出良策来督促和带领其他银行共同进步，比如说可以固定在某个地方，或某个时间让银行的代表坐在一起，畅聊将云计算技术应用到会计信息化流程中所出现的问题和总结出的经验，避免某些银行出现同样或类似的事件。银行还可以定期安排工行员工去其他云计算这方面技术应用较好的银行进行交流学习，这样可以更直观地发现自己与其他银行云计算技术应用的差异，取长补短。通过加强同行间的交流，银行不仅可以促进自身的发展，还可以带动整个银行业的发展。

（六）加强培育会计信息化高端人才

要想使云计算这项新技术融合到会计信息化的发展中，高端人才的培育显得十分重要。会计信息化本身就要求计算机知识与会计知识共存的人才，再加上要融合云计算这项全新的技术，更是加大了对这种高端的复合型人才的需求，这也是云计算这项技术在会计信息化中推进所遇到的棘手问题。银行可以从以下几方面对其员工进行培训：一方面，银行可以将基于云计算的会计信息化的操作流程和与原有会计信息化系统的不同之处和应该注意的地方做成动态短片的形式，在银行大厅内的显示屏上定时播放，这种做法不仅可以让员工耳熟能详，也可吸引办理业务的客户，让其对银行的新技术应用有一定的了解，增强对银行的信任；另一方面，银行可以每周抽出下班时间或者中午午休时间，进行轮岗培训，邀请银行科技信息部的人员进行辅导讲解，在结合理论知识的基础上，要求员工实际操作云计算的会计信息系统，这样能使员工最快最有效率地掌握新技术的应用。由于目前有不少银行业已开始应用云计算技术，银行可以让一些对新知识掌握得比较好的员工去其他银行参加技术培训，这样不仅能快速学到新的知识，也能了解其他银行利用云计算技术的亮点，取长补短，共同促进银行业云计算在会计信息化中的使用。

第三章　基于云计算的信息服务与农业技术发展

第一节　基于云计算的图书馆信息服务分析

一、研究图书馆云计算进展

（一）图书馆云计算的含义

图书馆学学者肖鹏在《云计算对图书馆事业的双重影响》一文中提出了图书馆界对云计算的含义的理解：云计算是这样一种计算观念，它的信息产品是将分布式计算机处理器资源和大量的数据进行集成处理，能够通过共同努力来实现的目的。云计算的基本观念是依靠基于浏览器/服务器模式（browser/server，简称 B/S 结构），从客户端转移到服务器的压力计算，由供应商提供技术支持，提供远程服务。

（二）我国图书馆应用云计算情况

中国图书馆界使用云计算技术的典范首先推荐的是由中国高等教育文献保障系统（China academic library information system，简称 CALIS）承担的分布式中国高等教育数字图书馆系统三期项目。这个项目在建设中提出结合云计算、软件即服务等技术打造 CALIS 数字图书馆云战略。CALIS 云服务平台可以为各高校图书馆提供本地化的私有云方案，并可构建多级的 CALIS 云服务中心。CALIS 云平台包含了四个部分，即 CALIS 数字图书馆公共服务平台（构建 CALIS 云服务中心）；CALIS 数字图书馆 SaaS 服务平台，为图书馆提供 SaaS 服务；数字图书馆本地服务平台，包括本地应用基础平台和本地应用系统；CALIS 云联邦服务平台，集成不同的图书馆本地服务、CALIS 公共服务，以及第三方公共服务。CALIS 数字图书馆云服务平台适合于构建大型分布式的公共数字图书馆服务网络，它能将分布在互联网中各个图书馆的资源和服务整合成为一个整体，形成一个可控的自适应的新型服务体系，通过对各种服务进行动态管理和分配来满足不同层次和规模的数字图书馆需求，支持各馆用户的聚合与参与，支持馆际透明的协作和服务获取，支持多馆资源的共建和共享，支持多馆协作的社会化网络的构建，具有自适应扩展的能力。CALIS数字图书馆云服务平台能提供标准化、低成本、自适应、可扩展的数字图书馆统一服务和集成解决方案，给CALIS及其成员馆供应了灵活的部署和应用方式，既能满足CALIS构建公有云服务中心的要求，也能满足图书馆构建私有的云服务的需要，还能实现对这两类服务云的整合。

（三）云计算技术与数字图书馆

云计算以用户为中心，提供强大的数据存储和网络服务等相关功能，是交往聚合与设备聚合的中枢。相对于传统图书馆而言，数字图书馆具有很多优点，与此同时也面临着技术困境和服务困境，这些困境促使数字图书馆对云计算产生了现实需求。云计算以其特有的优势影响着数字图书馆的各个方面，进而推动了数字图书馆的发展。杨明芳、袁曦临在《云计算环境下的数字图书馆》中从数字图书馆的四个要素出发，认为云计算对数字图书馆的影响主要体现在对信息资源的影响、对信息用户的影响、对信息人员的影响、对信息设施的影响等方面。在对信息资源的影响方面，云计算海量的信息资源存储能力、安全可靠的数据存储能力、快速的信息资源存取能力、丰富的信息资源、真正的信息资源共享等特性都将带动图书馆信息资源建设的进一步发展。数字图书馆只需投入较少的信息设施成本就能为信息用户提供相应的服务。而且这些信息设施也可利用云计算进行维护和更新，由此可见，云计算技术是非常强大的。虽然，云计算技术给数字图书馆发展带来了新的动力，但也存在信息用户的隐私安全相关问题。卢晓娟的《云计算与未来图书馆数字信息资源建设》通过对云计算进行描述，提出图书馆数字信息资源建设的缺点，并在此基础上谈论未来图书馆数字信息资源建设在云计算的情况下是如何操作和运行的，以及应当注意的问题。

（四）云计算与图书馆信息服务

云服务主要指的是基于云计算的各项服务。基于国外现有的云服务研究成果与实践，图书馆资源建设与服务提供可以从基础设施云服务、云计算的SaaS服务、云存储服务、云计算平台服务和云安全服务等角度展开深入剖析。孙坦、黄国彬在《基于云服务的图书馆建设与服务策略》中，在简要介绍云计算、云服务的原理与概念的基础上，试图更进一步地剖析云服务在图书馆建设和服务过程中应用的可行性。他们认为，图书馆在利用云服务提升自身的建设与服务能力时，有必要在充分把握、理解各种云服务技术实质的基础上，既综合考虑当前云服务存在的优缺点，又密切结合自身的战略定位与业务实际。他们从以下几个方面提供了相关策略：基于云服务的图书馆建设与服务的基本策略；基于云基础设施服务的图书馆建设与服务；云存储服务与图书馆的建设与服务；基于云计算的 SaaS 服务与图书馆的建设与服务；基于云计算平台服务的图书馆建设与服务；基于云安全服务的图书馆建设与服务。同时，他们又提到，云计算，乃至云服务目前仍处于早期探索阶段，意味着相关工具和技术还在不断完善中。

云服务并不是一项绝对的服务，只能应用于某些任务，而不是全部的业务环节。对于图书馆界而言，其需要重点关注的是，充分了解和掌握各种云服务的技术实质与应用价值并将之有所选择地引入图书馆领域，进一步提升图书馆的服务能力，而不应视云服务为灵丹妙药，在不清楚各种云服务具体内涵的情况下（比如不清楚云存储与云计算的差别），就大肆渲染图书馆对云服务的应用。更确切地说，图书馆应用云服务，最终是要在服务方面体现出来并发挥其作用。周舒、张岚岚在《云计算改善数字图书馆用户体验初探》中指出，采用云计算的模式作为数字图书馆的底层架构，在数据安全、数据共享、用户体验等方面能够极大地改善图书馆的服务，是目前最具性价比、最可靠、扩展性最好的解决方案。而《云计算环境下数字参考咨询服务模式创新》则是从数字参考咨询这个图书馆信息服务的关键环节入手，探讨未来图书馆在进行数字参考咨询活动的过程中如何利用云计算环境，将图书馆的信息服务开展得更好。总之，在利用云服务提升自身的建设与信息服务能力时，图书馆要充分把握、理解各种云服务技术实质，综合考虑当前云服务存在的优缺点，结合自身的战略定位与业务实际，更好地开展信息服务活动。

二、以云计算为基础的图书馆信息服务应用设计

在图书馆信息服务中，云计算技术的应用和普及有着巨大的潜力。云计算技术发展十分迅速，很多专家认为云计算会改变互联网的技术基础，甚至影响整个产业的格局。而新时代的图书馆信息服务是依赖于互联网技术而发展的，互联网

技术的任何变革都将直接影响图书馆信息服务的发展变化。作为当今互联网技术发展的热门话题，云计算非常值得图书馆信息服务领域借鉴和引用。

（一）引导原则及服务框架模型

1. 以云计算为基础的图书馆信息服务引导原则

基于云计算的图书馆信息服务引导原则，是引进云计算技术，将其使用到图书馆的信息服务中，通过云计算方式提供的先进技术支撑图书馆的信息服务活动，变革传统图书馆信息服务的模式，更新图书馆信息服务的现有模式，进而保证图书馆信息资源利用的最大化，更好地服务读者，满足不同读者的不同信息需求，使得图书馆的信息服务工作更加现代化、人性化、智能化。

2. 以云计算为基础的图书馆信息服务框架模型

以云计算为基础的图书馆服务框架模型由交互层、接口层、业务层、平台层、基础层组成。

（1）交互层

交互层是以用户为中心，其所有终端用户的程序和数据都分布在"云"的另一端进行统一管理，可随时访问，共享用户可即时使用、即需即用、随需应变，真正做到脱离设备和地点的限制。任何一个授权用户都可以通过标准的公共接口来登录"云"图书馆，享受"云"图书馆的在线服务。机构用户可以享受和使用"云"图书馆平台的图书编目、图书管理、借阅管理、图书计费、应用开发与扩展等服务；在不受任何终端和接入限制的情况下，个人用户可以享受"云"图书馆平台提供的图书借阅、图书预定、动态跟踪、文献检索、学术交流等相关服务。

（2）接口层

"云"图书馆服务框架模型的接口可以和 Web 服务、Internet 浏览器等互联，因此，不需要用户改变客服端的运行环境。在保持各图书馆特色的同时，接口层也可以通过接口的标准化——作为"云"图书馆服务框架模型的一部分，向用户提供统一的"云"图书馆开放接口服务。

（3）业务层

"云"图书馆服务框架模型的业务层是依据图书馆的服务内容和业务逻辑来做出符合实际需要的程序处理流程，并能根据实际业务的变化（如组织结构的变动、决策权等）而做出程序处理流程上的变动，以此确保"云"图书馆服务的稳定性、易维护性和弹性。业务层的业务内容包含文献采购、文献编目、文献流通、馆际互借、连续出版物管理、书目查询和参考咨询等的业务处理，以及人事管理、财务管理和物资管理等信息管理。

（4）基础层

基础硬件设施为适应图书馆工作的需要，需具备很强的数据处理能力，包括多种文字的处理能力等。而"云"图书馆服务框架模型的基础层是由大量的服务器节点组成，并通过各类型网络方式将基础层的所有节点连接起来组成为一个庞大的机群系统，通过运用云计算技术建造虚拟的巨型数据中心或超级计算机。因此，基础层具有很强的逻辑运算功能、较高的运算速度、完善的多种形式的输入输出设备、大容量的内外存储器、良好的数据通信能力等，以上内容构成了基础层的核心。

（5）平台层

平台层是在基础层的使用上实现对基础层中"云"硬件设备进行协同高效运行，也就是控制其网络、服务器集群等资源。它不但可以自动地将计算任务并行化，充分调动服务器集群的计算能力，而且还可以自动应对大多数系统故障，实现较高水平的自主管理，节点配置、节点故障、节点间调度、网络故障、负载平衡、数据存储位置、数据安全、系统高可用性的实现等是其核心。同时，平台层对上层服务还进行了"透明化"，平台层中的存储、计算和失效等被全部隔离，用户和上层服务在调用平台层的服务时见到的只是一台可弹性伸缩的巨型计算机，上层服务将不需要"看"平台层和基础层的工作细节。

（二）云计算在图书馆信息服务中的运用

1. 运用云计算建设图书馆信息服务集成平台

（1）平台的运行环境与云计算平台选择

云服务端的运行环境需要部署多种相关终端接入设备和信道，支持用户使用不同终端设备接入"图书馆云"，如互联网接入、移动通信线路、电话语音线路、网络操作系统（云服务器中间件）、网络连接设备、防火墙、服务器等。客户终端的运行环境包括 PC 机、电话、移动电话、掌上上网仪器和一切能够接入网络的终端设备装置。在云平台的选择上，由 Abiquo 公司推出的开源云计算平台"abiCloud"，是一个能够创建大型复杂的 IT 基础的设施。它包括网络应用、虚拟服务器、存储设备等。"abiCloud"能够以简单、迅速、可扩展的方式进行管理。"abiCloud"的特征是易于使用，"abiCloud"具有强大的 Web 界面管理，

"abiCloud"在部署一个新的服务时可以通过拖拽一个虚拟机来实现。

（2）由手机短信供给服务的子平台

目前，已有少部分图书馆建立了手机短信服务，但是尚未普及。而且少数开启短信服务的图书馆能提供的服务范围较为狭窄，并且相对其他应用系统比较独立，无法对接收的短信进行处理工作。因此，我们需要实现云计算技术对现有系统进行相应的改善，增加系统服务的功能。我们要使现有的手机短信服务与图书馆信息服务业务核心系统实现数据联通，利用服务系统对短信查询、办理业务，自动对消息对象传送紧急业务信息等服务进行支持；图书馆也可以与移动运营商联合，这样就可以实现读者自助缴纳费用等相关功能。

（3）由电话语音供给服务的子平台

引进电话服务的图书馆，大部分服务仅仅是以电话接入为主，仅可以看成是一个呼叫响应中心。在引入计算机电话集成技术和云计算技术对系统进行改进后，则以虚拟化服务将各呼叫中心内的云终端，也就是个人计算机转变为在云计算平台数据中心内运行的虚拟机，PC 的配置和相关管理等主要功能由云服务器支持完成，应用程序的运行和数据的存储也在服务器上进行。电话服务子平台的重要功能是支持图书查询、投诉建议等；这个子系统可以同时实现个性化信息查询与个人知识服务；也可以在特定时段内安排馆长热线，为读者服务。

2. 运用云计算扩展参考咨询服务

（1）以云计算为基础的参考咨询服务

云计算服务的主要特点是让用户参与其中。不同于传统图书馆的数字参考咨询，基于云计算的数字参考咨询服务是以读者与馆员互动的模式来体现的，让用户参与信息咨询服务，利用用户参与和用户个人的隐性知识的提供形成一个围绕网络信息服务的网络知识平台，以此来提高图书馆的信息服务功能与核心竞争力。云计算的基本理念是简化终端功能，终端仅仅完成简单的输入和输出，起到连接网络的作用。提供给用户的信息服务，其实是由个人终端设备后面的网络提供。这就是"云"计算模式的应用。"云"计算模式使终端的功能被大大地弱化，而云的功能和其后网络系统的支持功能则被极大地加强。在传统的数字参考咨询服务中，图书馆的用户是通过终端提供的服务来满足其信息需求的。为了更好地实现数字参考咨询服务，对用户的终端功能的要求也越来越强大。随着用户对数字参考咨询需求的提高，对终端设备功能的要求也越来越高，"终端系统"这一定义就是这样提出的。"终端系统"是将若干不同类型功能单一的终端聚合，形成的系统以整体的形式向用户提供服务，此时提供的服务就具有整体化、系统化和个性化的特点，是一种多层次类型服务综合的业务体验。在终端系统的理念之中，网络的一些功能被放在用户终端来实现，加大了用户终端设备的压力。基于"云"计算的数字参考咨询服务模式，是对传统数字参考咨询服务应用模式的挑战，与"终端系统"的理念不同，它提出了一种崭新的发展思路。云计算环境下的数字参考咨询服务模式是以用户体验为中心的，用户与用户之间、用户与各种类型信息资源之间、用户与咨询馆员之间相互联系，这个联系的平台就是基于云计算技术的统一互动式的问答平台，这个平台构成了一个动态、网状的提问和回答过程。在这种模式下，图书馆的用户既可以作为提问者提出问题，也可以作为咨询服务人员解答问题，这种做法不仅节约了图书馆的数字参考咨询的人力成本，更为图书馆的用户提供了一个自我展示和自我价值实现的舞台。

（2）以云计算为基础的个性化模式

数字参考咨询的个性化信息服务模式建设就是构建一个知识分享与交流的信息平台，为用户提供知识交流与共享的契机。平台同时集成各种个性化服务，在这个平台上，用户可以组织自己的个性化知识社团，跟社团中的其他用户进行知识的交流和共享。知识交流主要通过因特网信息资源的发布与传播而存在。因此，在云计算环境下的数字参考咨询服务，用户通过互联网进行信息的发布和传播，而用户的隐性知识本身就赋予知识个性化。因此，在这种数字参考咨询服务模式下，用户的交互可以提供多种解决方案，而不再单纯依靠传统的数字参考咨询的馆员服务模式。这些个性化服务模式能够很好地满足用户共享信息的需求，但是这些新兴的个性化知识发布与交流服务模式分散于不同的网站。因此，运用云计算技术强大的计算能力和几乎无限的带宽，我们就可以提供即时通信、在线帮助，甚至是智能数字图书馆机器人的交互。在云计算环境下，如博客、播客、移动博客、维基、威客、社会化网络服务等服务，都是用户参与的开放式数字参考咨询服务方式。我们可以利用云计算技术为用户提供一个个性化的信息发布与知识交流平台，以用来满足用户追求个性化信息交流的需求，如社会化网络服务。这种模式集成了多种个性化的服务，更体现了个性化服务的社会性和开放性的特点，为用户提供了可创造性的服务。一方面，用户在利用这种模式时不仅可以获得单向的信息检索和定制服务，同时可以自由地发布信息，完成自身隐性知识的外化；另一方面，用户在进行知识交流和共享的过程中，不同的用户之间可以相互启发诱导，这样又能实现知识的创新。

与此同时，个性化的参考咨询服务模式同时支持用户整合兴趣相类似的用户资源。在个性化的参考咨询服务平台上，用户可以通过平台构建个性化用户网络，即兴趣相同的用户联系网，并将平台上的个性化信息的发布服务和知识的共享服务中有共同兴趣的用户添加到自己的用户收藏之中。基于云计算的个性化的参考咨询服务模式还将为用户提供动态富于变化的服务。个性化参考咨询服务模式大多是以定制的方式来实现的，其通常是一种单向的模式，居于静态。然而基于云计算的用户共享知识平台模式为用户提供了信息发布与知识交流平台，个性化的信息服务呈现出了不用于以往的动态性，这种现象就促进了信息的流动和知识的共享。

3. 运用云计算扩展信息检索服务

对图书馆信息检索的又一次革新就是利用云计算超强的计算能力为图书馆的信息检索提供服务。云服务中成千上万的计算机，形成一个超强的服务器，可以为用户提供强大的计算和数据处理能力，这些都是传统网页搜索无法匹敌的。利用云计算开展的信息检索可以提高图书馆信息检索效率及知识匹配的准确性，检索的信息更全面、新颖，并能够整合相关信息。首先，检索的信息更全面。在互联网中存在着上千亿的网页，在进行网页检索的过程中，搜索引擎需要将大量的网页进行搜索，建立庞大的目录索引。而在传统条件下，缺少云计算条件的环境是无法完成如此浩大的搜索工程的。因此，普通的检索工具对网页的搜索并不全面，有很多缺失。然而，用户需要的往往又是这些缺失的长尾信息，因此，云计算的检索就能大大弥补这一缺憾。它可以尽可能地为用户提供全面的信息资源，即使提供的资源很多并没有被利用，但是保证了搜索的全面性；其次，检索的信息更新颖。正如上面所提到的，如此多的网页的存在，这些网页的不断更新也成为信息检索的一大难题。在云计算环境下，由于网页中的信息能够被及时更新，因此，检索到的信息资源更具新颖性，满足了用户查找最新信息的需求；再次，检索的信息更人性化。垂直搜索引擎查找信息时，用户提供搜索词，往往只能找到该搜索词的相关几个方面。而云计算提供的检索将是整合搜索，就是所谓的将垂直搜索引擎进行整合，为用户提供更人性化的搜索答案。

4.运用云计算改善图书馆的信息资源建设

云计算的出现可以很好地解决图书馆信息资源建设中存在的困境，云计算为图书馆供给了强大的数据存储环境和网络服务，利用云计算，我们可以解决图书馆信息资源建设在技术上的问题，简化图书馆存储空间并降低成本，为图书馆提供更人性化的机器与人的交互。分布式存储的数据库和一站式检索系统被云计算结合起来，利用这种系统进行数字信息资源的加工、组织、整理、分类、检索，并提供可视化服务。在资源的重复问题上，我们要避免资源浪费，利用不同"云"之间的互操作和全方位的网络扩展服务，实现资源的优化配置。

（1）图书馆的信息资源建设对云计算的实际需求

利用云计算对图书馆的影响主要包括以下几个方面：

其一，降低图书馆的维护费用就是利用云计算对图书馆信息资源建设的首要影响。以往为了保证图书馆工作的正常运行，需要图书馆的网络信息管理人员经常对馆内的计算机、服务器等终端设备进行维护，但是基于云计算的服务模式对用户终端的设备要求很低，因此，相关的技术人员在升级图书馆的终端设备的维护升级更新等问题上可以省去很多工作。服务器的日常维护由云计算服务提供商来负责，这样一来，图书馆的工作人员的工作压力就会大大降低，图书馆也可以更好地分配人员从事开展其他项目的工作。

其二，利用云计算除降低维护成本之外，还可以降低硬件成本。图书馆在进行信息资源建设的过程中，往往需要增添很多的硬件投入。在服务器和存储设备的购置上，图书馆动用了大量的经费，购买的硬件设备还需花费一定费用来维护、更换升级。我们利用云计算图书馆可以获得价格低廉，但却是海量的存储能力和技术支持，并且可以方便地获取、按需付费、支持扩展，具有高性价比的优势。通过云计算为图书馆的存储提供服务，图书馆的信息资源则不必存储在图书馆内部，而是放在 Web 中，通过查找访问存储系统获取信息资源，而不需要建立自己的存储系统。因此，云存储服务在为图书馆提供高效便捷的信息存储的同时节约了图书馆管理的多项成本，只需使用少量的费用，各种类型的图书馆就可获得云端不计其数的服务器所提供的服务。图书馆可以利用节约配置图书馆基础硬件设备的经费用于其他信息服务之中，这样的做法将有利于促进图书馆的发展。

其三，利用云计算进行图书馆的信息资源建设的做法还有利于信息资源的整合。云计算本身就有一种资源整合的思想，是信息技术行业未来发展的必然。这是因为云计算的核心内容之一就是对"云"中存储的信息资源的整合和应用。随着时代的进步，图书馆的各种信息资源越来越多，不同结构的信息资源也给人们的使用带来了不便。我们可以对这些异构资源云计算进行智能的整合，通过云存储服务和软件服务，将各种类型的数据库和一站式的检索系统结合，让读者实现一站式服务。读者可以从一个入口进入，云计算就是这样对所有信息资源进行检索的。相信随着技术的发展，云计算技术不仅可对图书馆内的所有信息资源进行整合，还可以将存储在"云"端的信息资源进行整合，如此一来，图书馆的用户就可以更加方便地利用图书馆以外的各种信息资源了。

其四，利用云计算还可以在图书馆的信息资源共享上进行创新性服务。云计算模式能够让不同图书馆之间共同构建图书馆的信息共享空间。在这个信息共享空间之中，参与馆在"图书馆云"中利用云计算技术，实时地获取其他图书馆的信息资源，以此来满足用户的信息需求。在云计算环境下，图书馆的相关电子信息资源将存储在"云"端无数的服务器之中，这与存储在某台计算机中完全不一样，图书馆的相关信息可以提供全球存取服务，任何一个图书馆用户都能随时随地地获取存储在云端的信息资源。

其五，利用云计算模式建设图书馆的信息资源，各个协作图书馆之间可以共同构筑"图书馆云"。这个建设好的图书馆云对整个图书馆网络中的各个参与馆来说，都可以获取强大的资源和技术支持，参与馆能够共享"云"中其他图书馆的信息资源，更好地满足用户的信息需求，促进各个图书馆进行信息资源的共建共享。可以看出，云计算的引进同时会改变原有数字资源出版发行利用模式。基于云计算技术，建设图书馆的信息资源，这能够保证信息资源的存贮与检索利用更加便利，数字资源的建设问题也将被视为图书馆信息资源建设的核心领域。建成后的图书馆云囊括了海量的数字信息资源，各个图书馆的用户可以打破馆际界限，利用自己的计算机、移动电话、掌上上网设备和其他设备连入互联网，通过对一个整合后的图书馆界面的访问，使用图书馆内丰富的数字信息资源和其他信息服务。通过这种形式，图书馆的信息资源和信息服务利用率得到了极大的提升。

其六，图书馆的资源利用率在云计算环境模式下得到了提高。传统图书馆服务模式中，用户对图书馆的信息资源和信息服务的利用由于设备的限制，用户一般必须使用计算机才能利用图书馆的电子资源。在云计算技术模式下，用户对图书馆的信息资源和信息服务的利用受设备的限制被大大降低，用户可以利用移动电话等其他网络连通设备随时随地地利用图书馆提供的数字信息资源和服务。云计算的信息安全通过严格的权限管理策略加以保障，因此，用户可以放心地与相关人员共享某些信息资源。云计算提供了强大的无线网络连接功能，在这种情况下，用户可以通过各种相关无线上网设备而不受时空限制随时随地地使用图书馆的数字信息资源和相关信息服务，图书馆的信息资源中心作用得到了很好的体现。

(2) 以云计算为基础的图书馆信息资源建设策略

在建设信息资源体系方面，我们首先要建设基于云计算的图书馆信息资源体系。调动图书馆的整个协作网络发展图书馆信息资源建设，引入云计算技术，从整体上建设统一协作的图书馆云，这是云计算环境下图书馆生存和发展的必经之路。因此，图书馆联盟应该重视对图书馆云的建设，充分利用云计算的优势为读者提供服务。在实施建设过程中，各馆应该整合自己的特色资源，并共享馆藏资源，将联盟中所有的信息资源加以整合，建设图书馆云，以真正实现信息资源的共建共享，建立联合采访书目数据库。除此之外，图书馆还可以与各个出版机构及数字信息资源供应商协作，建立比较完备的采访书目数据库，补足遗漏，扩充图书馆联盟中云的信息资源总量；其次，建设有特色的信息资源体系。为避免信息资源的重复化，各个图书馆都应加强对本馆和本地特色信息资源的建设，避免信息资源重复建设带来的资源浪费，同时也保证了本地的特色的信息资源得到广泛的传播。云计算环境下图书馆提供的信息服务更多地依赖于数字资源，图书馆收藏的各类数字信息资源数量十分巨大，这对图书馆的数字信息资源建设是一个不小的挑战。云技术对永久保存数字信息资源有着很大的作用；最后，加大对网络信息资源的开发和利用。图书馆在云计算环境下，应充分利用云计算服务在资源发现、资源组织、资源服务的优势，将分布在互联网中散落的各种信息资源与本地信息资源结合起来，并通过加工整合，为读者提供服务，更好地利用图书馆的信息资源满足教科研的需要，服务读者。图书馆可以将谷歌、百度等搜索引擎与图书馆的联机检索系统相结合，通过整合，实现互联网与图书馆的无缝对接，还可以将谷歌的翻译工具与图书馆的检索工具结合，这样就可以实现多种语言文字的文献互译。除此之外，图书馆还可以利用互联网中的平台，更好地扩充本馆的知识库等。

第二节 基于云计算的现代农业技术发展分析

一、现代农业中云计算技术应用模式与前景

云计算技术既具有独特的个性，同时又与其他信息技术应用有着密切的联系。现代农业中云计算技术应用模型为三个圈，核心圈是用户，其主要指的是农民和涉及农业生产、经营和管理的各个企业、组织和集体等农业用户；中间是云平台，为用户提供云计算服务的支持层；最外层是基础层，为云计算服务提供基本的软件、硬件、终端设备和网络运营服务等。

（一）云计算下农业信息资源开发使用优势

首先，云计算的应用受到云计算大量客户需求、网络运营商、软硬件提供商和服务商等的积极推动。相关人员通过整合各云计算的兴趣方的能力和资源形成农业信息增值开发过程各个环节的资源共享、彼此互补，以形成更大的竞争力，共同创造价值；其次，该模型对农民、农业用户需求的注重使得各参与企业把用户需求作为自己价值定位的基准，把为用户提供适合客户需求、能为客户创造价值的产品作为企业价值活动的目标，因而企业着眼于快速地对市场的需求做出响应，并且预见市场变化，把握市场时机；最后，重视云计算参与者之间的相互关系，这种做法能够形成共赢的合作优势，最终实现信息产品或服务的增值开发。

（二）在农业生产中云计算的应用模式与前景

云计算应用模式与前景贯穿于整个现代农业过程，包括了农业生产、农产品流通、农产品销售和农业管理等各个阶段，云计算在农业生产中的应用，目前主要在以下四个方面得以体现：

1. 提供生产资料信息

农业生产的前提就是生产资料的筹措。传统的农业生产原料包括种子、化肥、农业机械、农业工具等，但在现代农业中农业生产的选种信息、农产品的预

期销售信息、新式农业科技生产方法等也往往成为农业生产准备的资源。而在市场条件下，尤其是在国际市场一体化进程加快推进的形势下，各类生产资料的信息数量大、分布广、变化快，简单落后的信息采集能力、迟缓的数据传输水平、小容量的数据存储条件、原始的数据处理方式都无法满足现实的信息使用需要，我们要在农业生产的原材料准备阶段充分应用云计算平台的技术优势，对信息进行充分掌握，实现科学规划和合理计划。

2. 管理农业生产过程

在现代农业条件下，农业生产的很多环节使用了自动化管理和科学监测系统，这些系统中数据的处理是核心，而云计算正是为大数据处理提供高效平台的技术平台，因此十分适合其应用需求。在当前农业生产过程管理中，应用实例有很多，包括作物生长模拟模型构建，如我国已经研制出水稻栽培计算机模拟优化决策系统，棉花生产管理模拟与决策系统，土壤—植物—大气中的水气传输模型，谷物储藏干燥模拟模型；农业生产实时控制系统，如农业生产实时控制系统主要用于灌溉、耕耕作业、果实收获、畜牧生产过程自动控制、农产品加工自动化控制及农业生产工厂化。畜牧生产的自动控制可优化饲料配方，自动调节动物生产环境等；另外，在农业经济管理层面上，有作物遥感估产应用系统，如棉花种植面积遥感调查系统，作物产量气候分析预报系统，作物短、中、长期预报模型，小麦、水稻遥感估产信息系统等；农业遥感技术（RS），地理信息系统（GLS）、全球定位系统（GPS）的应用，它们因具有宏观、实时、低成本、快速、高精度的信息获取，高效数据管理及空间分析的能力，从而成为现代农业资源管理的重要手段，其广泛使用于土地、土壤、气候、水、农作物品种、动植物类群、海洋渔等资源的清查与管理，以及全球植被动态、土地利用动态监测、土壤侵蚀监测，对全国的农业地理信息进行整理，形成农业土地资源、气象资源、水利资源、人文资源等的信息化管理。

3. 农业生产过程的信息支持服务

采用信息技术对农业生产的过程进行信息支持服务，其典型的应用包含：农业专家系统，如水稻病虫害诊治专家系统，小麦、玉米、桑蚕品种选育专家系统，农业气象预报专家系统等；农业信息远程支援技术，它是以专家在线、知识库和类似案例分析等形式为农民或涉农单位等提供网络化的、远程技术支持服务，重点是解决农民在农业生产过程中存在的疑难问题，如择种、病虫害防治、农药使用、农田管理等；农业装备数字化建模技术，根据农业装备数字化设计中虚拟装配、虚拟样机及人机工程学设计与评价等技术要求，以拖拉机、联合收割机和大型喷灌机等典型农业装备为主，建立结构、参数和功能模型库，研究共性零部件和整机虚拟建模技术；研究数字化三维模型设计方法、共性关键零部件有限元分析的规范化力学模型设计方法、动态工程模型设计方法、人机界面几何建模和动态建模方法，它们为农业装备产品虚拟设计、虚拟试验和虚拟人机工程学设计与评价提供支撑条件；农业装备虚拟设计技术，基于典型农业装备的结构数字化模型，研究其虚拟装配、虚拟样机及虚拟人机工程学设计等实现技术。当然，农业生产信息支持服务远不止上述这些。这些系统和技术都是建立在对大量数据进行分析的基础上，并且需要有较好平台进行研究、分析和部署，而云计算可以提供所需的高效便捷的数据存储、计算平台和交换平台，提供数据仓库等软件应用环境，随后进行大量数据分析与使用，实现其技术功能。

（三）在农产品流通中云计算的应用模式与前景

农产品的流通过程包含三个要素：流通的农产品、运输的车辆、流通的方向。这些信息不仅对政府实施农产品的高效流通管理提供指导，同时也为组织实施农产品流通的企业、组织和个人提供相应的信息支持，帮助其实现产品的有效流通，保证经济利益。云计算在农产品流通过程的应用模式与前景主要表现在以下几个方面：

1. 信息管理流通农产品

一般来讲，具有生命的动物性和植物性产品就是农产品，它们外形不统一、规格不一致，对新鲜度和时效性都有较高的要求，因此在农产品物流中体现出包装难、运输难和仓储难等特点。物流运输效率是目前影响农产品物流的突出问题之一，农产品物流系统是提高运输效率的重要工具，其中运用射频标签技术可以即时获得准确的物流信息，可以实现农产品流通过程中的监控，减少农产品流通过程中不必要的环节及损失，减少农产品供应链的各个环节上的安全存货量和运营资本，实现对农产品进行跟踪和安全溯源。云计算正符合物联网对信息处理能力的要求，可以使用大规模的数据中心以及功能强劲的服务器来处理大量的农产品物流数据，提升信息管理效率。

2. 信息管理运输车辆

农产品流通的物流，具有距离远、车辆多、鲜活农产品的时效性强的特点，它要求相关信息能够快速、准确采集并应用；基于 GPS 信息的车辆实时调度管理系统由于可以实现运输车辆的实时状态的准确掌握和有效调度，得到了越来越广泛的应用，在农产品流通领域中车辆调度管理系统应用的需求与优势十分明显；在对农产品的运输车辆产生的 GPS 数据进行采集处理时，大范围的监测、分析和决策也对数据计算能力的要求很高。另外，管理多种运输工具也有大量的数据，它包括运输工具种类、数量、装载能力、当前位置、运输任务和本身状态等，这些对完成运输工具的使用、经营和管理都是有重要作用的。云计算平台可以有效处理这些大量数据，让农产品物流方面得到有效的发挥。

3. 信息管理流通方向

流通方向信息管理指的是农产品、运输车辆当前的流通方向信息，包括起始点、目标点、中转点信息等，这些数据用于农产品流通的管理。同样，我们也可以借助云计算平台的优点对这些数据实现高效管理。

（四）在农产品销售中云计算的应用模式与前景

将农产品从生产者、经营者、流通者等手里以一定价值支付的原则交付到各类中间和最终消费者手里的过程就是农产品销售，它是农产品本身价值实现的方式。该过程决定了农产品生产者、经营者和流通者获得的经济利益的大小以及获得劳动报酬的多少。在中国这样一个农业大国，农业是弱质产业，农业生产价值的最终实现，农产品营销是关键。传统营销方式中，农产品结构不适应市场需求变化、市场信息公开程度低、交易成本高、效率低等缺点十分突出。计算机和网络技术的发展和应用为农产品营销提供了新的途径，其创造性地提供了一个开放的、巨大的交易平台，将农产品经营和销售电子化、网络化，这样不仅拓展了销售渠道、加快了信息流通，并且减少了交易成本，方便了用户的使用，网络营销越来越被广大的生产者与经营者所接受。目前，已经发展或正在逐渐发展的农产品网络营销模式包括以下几种：

1. 网上农贸市场营销模式

将传统的农贸市场转移到网络上，形成网上农贸市场，人们将能够实现"逛一家网站，选万家商品"，十分便捷，这一优点在目前发展迅猛的淘宝网、京东网的网购量就可以十分生动地体现出来；同时因为有传统农贸市场做后盾，网上农贸市场可能发展成为一种成功的营销模式。

2. 网上农产品专业批发市场营销模式

农产品批发市场具备品种齐全、分类详细、品牌云集、价格可比、人流和物流量大等优势，具有很强的吸引力。这一模式也可移植到网上，建设农产品网上批发大市场商业门户网，收集并分类农产品目录，客户可以快捷地找到所需要的农产品，了解产地、价格、品种、特点等信息，十分便捷。

3. 网上连锁店营销模式

连锁店或专卖店由于具备连锁经营、专品专卖、统一产品、统一价格、统一服务和统一管理等"标准化"的特征，适合于具有了一定品牌特色、占据一定市场的农产品，如果再加上完善的物流配送优势，改模式可能成为十分成功的农产品网络营销模式。

4. 团体购买或服务的特色营销模式

这里的特色包括：特色产品，如地方土特产；特色服务。团购就是近几年发展出来的新网购的模式，鉴于其在商品零售等方面将其移植网络营销上，这是十分现实的，但要注意突出自己的特色。俗话说，商场如战场，由此可见，网络市场的竞争也是非常激烈的，有的人网店开得很好，效益高，财源滚滚，有的店却无人问津，长时间没有生意，那些效益高的网店，除了与自身的人气指数有关以外，主要还与经营产品特色有关，要想获得好的网络经营业绩，必须做到"人无我有，人有我优，我特我优my廉"。和其他消费品一样，随着人们生活水平的不断提升，人们的消费观念正在发生着深刻的变化，关注的焦点不再是温饱问题，生活逐渐向健康、高档和特色化方向转变，城市居民在这个方面体现得更为突出，城镇居民越来越喜欢特色食品、休闲食品、保健食品，特色农产品是这类食品中的重要一员，也是日常生活消费品，市场前景十分广阔，我们必须抓住商机，深度开发，做好这类农产品的网络营销工作。

网络是网络营销的基础，信息是载体，实现靠平台，成功靠服务；云计算技术的出现与应用强调的是平台与服务的便捷提供，这与网络营销的发展与成长要求是契合的。在云计算条件下，与农产品销售有关的信息的采集、获取、传递和处理能力明显增强，数据存储容量和管理水平及平台服务能力将有质的提高，这些对于从事农产品生产、经营、流通，以及管理人员而言，都是具备强烈吸引力的。

（五）云计算在农业信息服务中的运用

信息管理活动的出发点和归宿就是信息服务，它是信息管理学研究的重要内容和领域，是用不同的方式向用户提供所需信息的一项活动。农业信息服务的概念十分广泛，一种观点认为：所谓农业信息服务，是指对有关农业生产、经营管理、战略决策过程中的自然、经济和社会信息进行收集、整理、加工、传递和利用的过程。相关政府部门指出：农业信息服务是指信息服务机构以用户的涉农信息需求为中心，开展信息搜集、生产、加工、传播等服务工作。农业信息服务对象为政府农业部门、涉农企业和农民等，在农业生产、流通到销售等各个环节，以各种方式为各类对象提供的满足各种信息应用需求的活动。农业信息服务包含目标、主体、对象、内容、手段等多个要素。农业信息服务的目标，包括两个层次，一个是直接目标，它是指在农业信息化进程中为满足各个主体（包含农民个体和涉农企业等）的信息需求、技术需求和生产生活需求而提供的一系列基础性信息服务，达到解决其当前疑难问题的目标；另一个是间接目标，即农业信息服务应该为国家各级政府掌握有关农业生产、经营等方面的整体与宏观信息以及为企事业单位从事农业科学技术研究提供真实可靠的信息资料和信息加工服务，实现帮助政府机关制定农业宏观调控策略，帮助企业、单位发现市场规律并科学合理规划经营管理的目标。

农业信息服务的主体指的是从事农业信息服务的机构和人员。信息服务则是将信息作为商品和目标，主体与客体进行交互。农业信息服务机构收集、整理、加工、保存信息，向农业用户提供经过筛选加工的、有序而完整的信息服务。农业信息服务组织包括各级政府、涉农企业，以及从事农业信息服务的事业单位和社会团体等。农业信息服务人员是依赖机构或独立进行信息服务的个体。在农业信息服务方式和手段上，我们要拓展信息服务渠道，改变过去单一、被动的农业信息服务方式，从现在比较完善的广播、电视、网络、手机等信息交互方式上着手，以信息公开、信息广播、信息推送、信息咨询和信息顾问等方式增加服务的形式和手段。此外，诸如流动性的农业信息服务站、科普刊物、农村科技培训，以及农产品信息发布会和技术洽谈会等，也都是很好的农业信息服务方式。

二、云计算技术对现代农业的影响

众所周知，信息技术对现代农业具有显著的影响，而云计算是信息技术的重要应用形式，它的产生和实用将深刻地改变信息的应用模式和发展方向，并因此而改变现代农业的面貌，这种影响体现在以下几个方面：

（一）可以影响现代农业信息资源利用模式

由于服务体系的转变和服务机制的创新，云计算技术对现代农业信息资源利用模式产生了十分重要的影响，其主要体现在以下几个方面：

1. 按量计费的出现

云计算的特征是资源的按需使用和按量计费。云计算服务模式下，农业信息服务不再需要各自建设信息服务基础设施、购置设备、建设信息资源、搭建服务平台，而是从云中心租用所需的资源和服务。因此，理论上全国只需要建设少数几个大型的云中心，为涉农用户提供统一的信息服务，即可实现传统方法的信息服务。

2. 集成检索的运用

云系统可以改变传统的信息检索模式，为用户提供集成式、综合式的信息检索。当农民向系统发出检索请求时，云端资源调度中心动态的分配计算和存储资源，自动搜集结果，并将结果以相似度排序等智能方式反馈给用户。信息检索将不会再受到硬件条件的制约，而且检索的速度、准确性和智能化程度将得到大大提高。

3. 联机咨询的帮助

在云计算环境下，农业信息咨询服务的模式将会发生很大的变化。网络化的云服务平台可以吸收各个农业高校、农业科研院所、农业信息服务机构、专家甚至农民"土专家"，并以一定的方式组织起来，共同为农民提供咨询和答疑服务。农民不必再考虑找谁解答问题，由云平台依据一定的规划可将问题提交公共平台或推送到相关机构或专家，平台上各机构、专家可根据自身专长为其提供咨询或疑难解答，同时获取相应的经济或其他回报。这种模式将咨询和疑难选择解答对象的工作交由云平台来完成，在对大量信息掌握和了解的条件下，云平台做出的选择显然比缺乏知识的农民更为准确，也更加合理。

（二）可以影响现代农业信息服务模式

任何一个模式都需要有适宜的条件，影响农业信息服务发展模式的要素是多种多样的，其既与信息技术自身特点有关，也与一个国家及地区农业经济发展整体水平、发展历史及传播环境有密切关系，主要内容可以概括为以下六个方面：

其一，时空环境及农业发展水平。一个国家或地区农业信息服务发展模式的选择是在一定时间、空间环境内，对表现自身特色与优势产业发展道路、发展方式的总体把握。一个地区的自身农业发展水平在一定程度上决定着一个地区农业信息服务的发展模式。如经济发达的地区已经有成功的开拓全国市场的经验，其有条件和能力专注于信息服务链的价值高端（市场营销）；其二，农民的愿望及信息利用能力。劳动者是信息利用的主体，他们的需求决定了信息服务的供给，随着劳动产品的大量增加，农业信息服务发展所具备的基本生产要素基础也在变化，在一定程度上影响到信息服务发展的基本模式，但发展模式的形成不仅取决于生产要素，而且取决于这些生产要素是否被有效地运用；其三，市场基础和产品结构。农业服务发展模式的形成是在已有的农业市场基础上渐渐演进而成的，已有的市场基础，可以为市场未来的发展创造良好的技术、资金、人才、制度等诸多条件。而当前市场的内在关联和产品结构是选择确定服务发展重点方向的主要因素；其四，信息技术因素。信息技术的发展阶段、信息技术应用体系、核心信息技术的运用力、信息技术创新体系、信息技术支持体系等要素对信息服务发展模式起到了影响作用；其五，组织体系和产业布局。市场需求决定产业定位和产业布局，决定产业政策导向和信息管制办法；其六，农业政策因素。政府采取何种政策措施、机制和方式对于引导农业信息服务模式的主流发展作用十分明显。政府的政策不但可以规划、引导和改变农业信息资源要素的配置，而且还能以多种方式来牵引、指导农业信息服务的发展，尤其是配套产业的发展，为农业产业创造良好的外部环境，从而使农业产业的发展能获取较大的突破。

随着农业信息技术的广泛运用，我国农业信息服务模式快速发展，已经完全摆脱了以往的农业广播站、农业信息人工传播的阶段，总体已经进入信息化、网络化的模式。但具体而言，不同地方仍处于不同阶段。现阶段，我国农业信息服务模式可分为三大类型：政府主导模式、企业主导模式和混合型模式。每一种模式中，又可分为多种具体的行为模式。政府主导模式是以政府作为主角，承担农业信息服务的主要工作，具体可分为纵横两种类型，"纵"是指中央政府垂直向下开展的各项农业信息服务工程；"横"是指地方政府主导对各地农业的信息服务。根据我国的财政投资建设方式，一般是中央政府牵头，地方政府配合，即"纵"为主线，"横"为辅助，农业服务网络主体就是在该模式下建立起来的。企业主导模式是以企业为责任主体，以农民为对象的民间自发式的服务模式，公司搭建信息平台、农业专家系统或通过政府购买公司产品后再免费提供给农民使用，进行有偿的农业信息服务。"政府＋企业"混合型模式是由政府牵头、企业参与的农业信息服务模式，它主要有："科技园区＋示范区＋辐射区"模式，由政府投资示范区进行基础设施建设，农业科研单位组织实施；"政府＋大学(科研机构)＋农户"模式，以市场为导向，以大学或科研机构为依托，以项目为纽带，联合基层农业部门实施；"农业远程诊断系统"模式，以网络化实时农业远程诊断模型与交互式技术为平台，设计有多个组件，可满足浏览学习、快速指认、远程诊断以及专家咨询等多种服务；"农技专家＋农民"模式，也叫作"科技入户"，是科技专家与农民之间建立的一对一、双向互动的"直通车"。

在云计算条件下，这些模式将发生更市场化的变换，即以前主要由政府承担的服务，可能更多转向由市场化的企业承担；企业也更多向集中化、规模化的信息服务提供商转变，并且信息服务的层次、内容和范围也将逐步扩大。

(三) 可以影响现代农业商务模式

实现商业化的信息服务就是云计算诞生和发展的目标，其体系的技术特色对农业电子商务的实现产生重要的影响。首先，将技术基础设施和管理等方面(如硬件与专业服务)的责任从客户重新分配给供应商，这也同样降低了农业信息使用人员的技术难度，减轻了他们的信息使用与维护负担，鼓励他们积极使用信息技术；其次，通过专业化和规模经济降低信息服务的成本。云计算将逐渐建设自己的商业服务模型——效用计算模型。在效用计算模型中，计算资源被看作是一种计量服务，就像传统的水、电、煤气等公共设施一样。效用计算允许用户只为他们所需要用到并且已经用到的那部分资源付费。这对于农业信息用户而言将大大减少其信息资源使用的成本，尤其是对低收入的农民个体来说无疑是巨大的福音，不再需要昂贵的计算机、网络等设备，不再需要花费时间和金钱学习计算机操作和网络使用技能，不再需要花钱去解决计算机故障，同时还可以享受到低廉高效的信息检索、信息分析和专家指导等深层次的信息加工服务，可以大大地提升资源使用效益；再者，将软件的"所有权"从客户转移至外部供应商，消除了客户应用软件的后续困难。这种模式可以改变农民和农业经营人员等非计算机专业人员的信息使用技术门槛，有利于他们获得更为广泛的信息来源；最后，云计算解决了农业电子商务发展中遇到的重要技术问题——硬件建设不足问题。电子商务的前提是信息处理电子化、信息传递网络化，必须要高性能高质量的计算机网络。而我国的公共网络基础设施建设相对落后，投资渠道单一，投入不足，网络速度慢，费用高，这些成为制约农业电子商务快速发展的突出问题。云计算的应用将有效引导资金，加强网络设施建设，改善系统性能，发挥现有硬件资源的潜力，提供满足农业电子商务的硬件基础。

通过对云计算优势的研究分析，我们可以判断云计算技术快速发展的形势下，农业电子商务必将迎来新的局面，农业电子商务模式也将发生新变化，可能表现在如下方面：其一，农业电子商务虚拟化与实体化结合得更紧密。网络的基本特性就是虚拟性，农业电子商务中农产品网络交易等业务的发展，要求农产品等有较强的实物属性能够被用户感知，因而必须加强实体化与虚拟化的结合，交易由电子商务平台进行前期的接洽，后续的交易要由商务的双方实施；其二，农业电子商务覆盖范围加大。由于云计算提供了更先进的电子化平台，覆盖的区域、覆盖的用户人群和层次都大大增加了，电子商务的需求也相应增加了，其覆盖的人群范围、业务种类、业务范围将得到极大的拓展，以前可能只有预期的电子商务可以在云计算条件下实现，例如农民个人进行网络农产品的直销等；其三，农业电子商务扩展了社会影响。农业电子商务种类和覆盖范围的增加，将扩展其社会影响，逐渐提升农业电子商务在社会商务中的地位，逐渐改变人们对传统农业电子商务的认识，尤其是更新农民落后的思想观念，以科技的应用改变农业生产与经营的模式，改变"三农"现状；其四，其他变化。农业电子商务本身的内容也将随之发生变化，例如各种用途各种形式的网站的产生，商业支付体系的成熟，农业电子商务成本的下降等，这些都是农业电子商务在云计算条件下可能产生的新变化和新形势。

第四章 云计算在中小企业中的应用

第一节 云计算与中小企业的发展

一、云计算的发展情况

（一）云计算数据中心在国内的发展概述

当前，信息技术架构向云转型已经成为不可逆的趋势，云计算正在逐渐成为当前和未来 IT 投资的重点。无论是私有云、公有云还是混合云，各行业、企业在将业务迁移到云环境的同时，利用软件定义计算进行资源调配和无缝迁移，这是向云转型的必备一步，软件定义计算也成为企业 IT 基础架构管理的标配。软件定义计算经过多年发展，已经变成一个相对成熟的市场，而随着软件定义数据中心的提出，更加强调各类 IT 硬件虚拟化的统一调度和运维。虚拟化从单一的软件定义计算扩展到全 IT 基础架构的虚拟化融合，包括计算虚拟化、存储虚拟化、网络虚拟化、安全虚拟化技术等，以此来构建真正意义上的全虚拟化数据中心。在国家自主可控需求的大趋势下，国产的云计算厂商利用开源技术迅速崛起，并基于对国内行业用户需求的深入理解，焦距场景化及定制化，打造符合国内用户需求和使用习惯的云计算产品，对传统领先的云计算厂商发起挑战。目前，云服务提供商正在使用开源软件，供应商也企图将其商业化，然而，他们却没有为开源软件提供价值，也没有为开源软件的未来发展提供相应的支持，开源虽然不会消失，但商业开源厂商前途未卜。

（二）云计算数据中心市场规模

我国政府高度重视云计算产业发展，相继出台了关于促进云计算创业发展、培育信息产业新业态的意见，大数据发展的行动纲领，以及云计算近三年的发展行动计划等一系列的政策文件。同时在社会各界的共同努力下，我国云计算产业得到了持续健康以及快速的发展。我国公有云服务市场容量占比很小，这是因为在硬件上作为主要投入依然是我国云计算市场的建设现状，云计算服务市场仅仅起到了一个辅助作用，公有云服务市场的壮大依然需要国家政策和市场主体的大力推广。云计算细分领域上，基础设施即服务得到国内企业用户的充分认可。云计算的爆发式增长让越来越多的企业看到了新的机遇。

（三）云计算数据中心的发展趋势描述

云计算数据中心的稳定性和安全性正是对于当前企业使用云计算技术建设数据中心的主要疑虑。而云计算技术和业务模式所带来的整体效率的提高也被业界广泛认同。在相关调研中发现，有众多的企业管理者表示愿意将大规模的交易系统部署在云计算平台上。越来越多的企业采用混合云的技术来架构建设自身的IT系统和数据中心，本地数据中心和云数据中心之间的迁移数据量也迅速放大，这对于任何一个企业来说都是巨大的挑战。无服务器架构（Serverless）从萌生到发展才不到几年的时间，它还是一个相对比较新的理念。而"无服务器"的概念是业务系统的代码不会明确地部署在某个特定的硬件服务器上，云计算服务提供商负责提供代码的运行环境和托管服务。这并不是创造出的新技术，而是利用Linux（一种自由和开放源码的操作系统）内核中已经集成的资源隔离和管理能力本身所提供的新的代码运行环境。这种运行环境可以代为管理系统架构中最复杂的扩展能力、系统健壮性、作业编排，以及自动化运维等工作。自此，IT业界将迎来一个全新的开发模式，也就是所谓的"无架构、无运维"模式。

二、云计算领域分支——云计算安全

云计算领域的一个重要分支就是云安全，反病毒作为云安全的重要组成部分已经在云服务商的建设运维中得到了广泛应用。网络安全所面临的威胁日新月异。IT消费和云计算不断影响当今的经营之道。我们要洞悉各种实用的安全战略，以期有效管理风险，扩展业务机遇，了解如何运用"无孔不入"的集成型安全来武装网络，更妥善地保障重要的公司资产。在业务上云的模式下，业务系统全部部署在云平台上，云服务提供商一旦出问题就将导致大量用户的业务系统无法正常运行，数据安全也会得不到保障。同时，云服务的规模越来越庞大，而且云服务也是全新的IT服务模式，一旦出现重大的安全事件，会轻易引起整个IT业界对云服务模式的质疑，进而严重影响企业用户业务上云的信心。故此，云计算业务的安全性和可靠性对整个业务模式至关重要。中小企业在自身 IT 能力不足的情况下可以利用云计算将增强安全性，通过将业务部署在云计算中心，有安全专家和专业的安全运维团队进行系统性的安全管理。为了帮助客户适应业务系统上云带来的变化，云服务提供商创新性地推出了云数据中心安全解决方案，帮助用户构建稳定、高性能、安全健壮的云数据中心网络，支持企业上云业务的稳健发展。自动的网络部署、弹性的网络连接、精细的网络运维就是云数据中心网安全解决方案的价值主张。

三、中小企业信息化情况

（一）中小企业信息化具有的问题

由于中小企业可以在信息化方向投入的资金和最新科技信息获取方面存在不足，这就会导致目前绝大多数中小企业的信息化程度较低，而且建设思路较为传统，它们主要面临以下几个方面的问题：其一，应用部署慢。应用的上线部署流程长，审批复杂，效率低，难以适应业务快速部署的要求，建设及扩容周期冗长；其二，异构环境难以整合。信息化建设是一个长期、持续的工程，在整个建设过程中，由于各种原因采购、获取到不同技术、不同厂商、不同型号的硬件资源难以避免，在传统模式下，这些资源之间缺少良好的互通机制，缺乏信息共享与集成，对进一步提升信息化服务水平和资源利用效率都造成了阻碍；其三，运维难度大。由于资源难以弹性调度，这使得各业务系统的维护难度越来越大，无论是部署新业务系统，还是进行现有业务系统的升级和迁移，或者进行机房扩容，都存在运维难度大的问题，稍有不慎便可能造成业务服务中断；其四，资源利用率低。由于各业务系统或部门都各自占用服务器和存储资源，这造成了硬件资源的条块分割，无法弹性调度和灵活配置，硬件资源的利用率不高，往往只有 5% ~ 15%，一方面造成了成本居高不下，另一方面也导致了大量的资源浪费。

故此，企业可以通过利用最新的云计算手段来建设新的 IT 架构，以满足业务数字化的发展需求。云计算是一种计算模式，在这种模式下，应用、数据、平台以及基础架构资源以服务的形式通过网络发送给用户使用。同时，云计算也是一种信息化资源管理的方法论，大量同构或者异构的计算、网络和存储资源组成基础架构资源池，用于自动化创建一个或多个虚拟化实例提供给用户使用。使用云计算的服务按需分配、按量计费，IT 业将这种方式比喻为"像使用水电一样使用 IT 基础设施",从而提升了系统灵活性,提高了资源使用率,减轻了运维的复杂度,降低了总体拥有成本。

(二)中小企业信息化建设要求

面对瞬息万变的市场,企业需要通过 IT 驱动业务价值来扩大收入来源,抢占新的商机,重铸竞争格局。IT 部门在一些非常成功的企业,已经从一个成本中心变成一个可以交付有形价值和差异化能力的核心部门。在这场 IT 价值的变革中,云计算的作用至关重要,可以让企业在降低对 IT 的一次性投入的同时,还可以根据业务变化动态调整资源,以快速响应业务需求。今天的企业级数据中心建设,要求以服务为核心并且直接面向业务,需要有足够的灵活性来满足"软件定义"。因此,对数据中心虚拟化、自动化、弹性和计量的技术要求也达到了一个前所未有的高度。虚拟化技术已经不仅仅是计算虚拟化(虚拟机技术),还需要实现包括网络虚拟化、存储虚拟化、安全虚拟化等技术和统一的管理、调度、计量平台,才能够实现新形态下"软件定义"的云数据中心。企业利用云计算技术从最初的使用虚拟化操作系统的虚拟机逐步升级到采用云操作系统为中心的软件定义数据中心。在云操作系统中,企业会把全部在 IT 资源进行资源池化,通过应用程序接口可以管理数据中心中全部软件和硬件资源,同时根据业务的工作负载的变化情况以动态的方式优化资源的配置和管理,在利用云计算技术的软件定义数据中心中,基础架构资源能力可以像乐高积木一样根据用户需求来随时灵活扩展和变更。在已经实施的云数据中心中,用户实现了最大化地利用物理服务器、存储和网络的能力,可以让数据中心保持平均 70% ~ 80% 的高资源利用率,并且在保障业务峰值对 IT 资源需求的同时,最大化地减少了实际购买成本。

(三)使用云计算的必要性

我国云计算相比于国外起步较晚,但发展速度迅猛,众多的信息技术厂商先后踏入这个领域迅速发力,为中小企业实现业务上云及数字化转型提供了便利的条件和路径。企业利用云计算技术建设云数据中心或租用公有云服务会给自身带来如下优势:其一,资源全面池化。将计算、存储、网络资源整合成为可以统一管理、弹性调度、灵活分配的资源池,每个业务系统不再占用独立的物理服务器、存储和网络资源,而是与其他业务系统一起,共享云中的资源,以虚拟机的形式独占其中的一部分逻辑资源;其二,提供标准化的资源服务。企业可以合理划分计算存储资源，针对各类业务需求提供标准化且可按需调整的环境配置套餐，进行环境的自动化部署和维护，快速提供标准、安全和稳定的资源服务，除此之外，统一管理各种存储，并根据存储资源的类别，制定不同级别的存储资源池，从而提供不同服务级别的存储服务；其三，弹性扩展资源。云计算平台满足各种应用系统对计算存储资源的需求请求，实现硬件能力对应用的按需分配与快速部署上线，在资源不足时，可在线弹性扩展资源，以满足业务要求，确保服务级别；其四，满足业务部门快捷访问。将业务系统及其信息和数据整合到云中，使用者无论属于哪个部门，或身处何处，都可以快速、迅捷地访问自己所需要的信息资源和业务系统，享受云带来的便利；其五，随需分配和回收资源。未来新建业务系统或扩容、迁移业务系统，只需要依据需求从资源池中直接获取资源即可快速完成，而不必额外申请购买。在业务系统生命周期完结后，我们也可释放资源回到资源池。这样既提升了业务部署效率，又提升了资源利用率，减少了总体拥有成本。

故此，利用云计算技术会为中小企业信息化建设带来减少总体有用成本，增加了业务部署的灵活性，加快了IT响应前端业务和市场需求的速度，缓解了中小企业IT人员不足、能力偏弱的缺陷，实现了资源共享性，对中小企业的信息化发展速度和业务创新能力起到了推进作用。

四、云计算对中小企业的影响

伴随着科技的发展，信息资源在企业的生产经营活动中占据愈发重要的地位，中小企业如何适应科技的发展和变化，并通过信息化建设促进自身的发展变成每个企业管理者都要思考的问题。企业信息化建设的目的是优化企业管理；降低经营成本并进行业务创新，最终目的是提高企业的竞争力而增加收入。然而，与大型企业相比，中小企业信息化起步晚，很多中小企业管理者对信息化没有足够的重视，而且，由于中小企业的业务范围广泛，企业的发展阶段也各不相同，认知差异比较大，信息化建设水平也有很大差异，故此，选择云计算技术作为持续驱动中小企业进行数字化转型和变革的利器就成为必然。大多数的中小企业认为他们需要采用新技术做完数字化转型并驱动企业未来的业务发展。云计算已经成为绝大多数没有足够IT资源进行技术创新的中小企业获取优势的首要选择。中小企业愈来愈倾向于在云中增加新的工作负载，依靠云提供商为他们供应、管理及维护IT基础设施和应用程序。中小企业对基于云的业务解决方案的利用在所有业务解决方案类别的占比中稳步上升。云计算可以转变传统中小企业的信息化建设模式，促进企业商业模式的革新。通过企业业务云化，中小企业可以降低自身信息化的建设成本。

目前，各地政府都在积极打造具备地方特色的高科技园区，以带动当地经济的发展。在园区建设中，我们不但要加大硬件基础设施的投入，还要努力打造以服务为中心的"软环境"。面对新的竞争形势，高科技产业园区结合自身特征，通过采用云计算技术建立服务模式的创新，为入驻园区的中小型企业提供多种云服务，来全面降低入驻企业的生产经营成本，增加他们的业务创新能力，从而增加科技园对企业的吸引力。

第二节　云计算的发展对中小企业竞争优势的影响

一、中小企业云计算应用的成本和优势

（一）成本优势

资金短缺就是中小企业信息化最为突出的问题，其融资渠道也并不宽敞。无论是购置硬件服务器，还是软件的购买、维护、升级，都需要巨额的成本支出。软件即服务模式提供了更安全、更可靠、更具扩展性的管理客户、员工、业务、事物和财务等的各种解决方案和应用程序，并负责这些软件的升级，令中小企业无需再为运行软件的环境支付费用，并随时获得软件性能方面的新功能。IaaS服务模式把所有计算能力和存储能力集成在"云"端，允许中小企业用户根据自身实际应用需求灵活增减计算资源和存储资源，并按照自己的实际使用量来付费，这就使得中小企业不需要做出大规模的IT基础设施投资，也不需要建立独自的数据中心来存放企业的数据，所有的一切都由服务提供商按照服务等级协议（CSLA）提供解决方案，并保证服务质量。这不仅极大降低了中小企业的IT运营费用，还能有利于他们将注意力集中在自己的核心业务上，提高竞争优势。

Apps是谷歌（Google）公司推出的"云"端办公软件系统，意在同微软的Office办公软件相抗衡。Apps是一款SaaS产品，用于企业间消息的传输、协作和安全。它涵盖了面向企业的Google日历、Google文档、Google协作平台、Google

视频、Google Chrome 浏览器等各种应用程序服务，这些服务都是由 Google 托管，而不需要用户安装或维护任何软硬件。各种规模的企业都在使用 Google Apps，以便员工之间保持联系，提高工作效率并降低 IT 成本。在以 Google Apps 为基础的网络学习环境中，Google Apps 担任支撑学习过程物质条件的角色，并影响着非物质条件。它提供通信和协作的工具，同时凭借其强大的搜索功能，它可以帮助人们获取丰富的网络学习资源。良好的网络学习环境必然会促进学习方法的改进，形成更加有效的学习策略，最终提高学习效率。有人这样评价 Google Apps，"Google 比其他任何系统更能满足我们的数据和连接需求，从而在激烈的竞争中遥遥领先。凭借 Google Apps，我们得以保持灵活和高效，并且不受陈旧系统对预算或人员的限制"。

（二）技术优势

云计算的技术优势主要表现在允许中小企业依据自己的需要来进行信息化建设，而不需要考虑技术方面的缺陷。中小企业 IT 方面的人才相当短缺，云计算的 SaaS 服务模式能够使中小企业用户享受正版软件的服务，避免了盗版软件导致的系统崩溃等危害，且服务供应商对软件的升级和维护全权负责，使得中小企业在技术人才方面的需求大大减少。另外，传统的软件定制方式对中小企业来说不仅成本高昂，而且没有专门的信息技术方面的人才来进行维护。而云计算技术除了能提供 SaaS 服务模式之外，它的另一种实现方式——平台即服务也表现出了云计算的技术优势。

百会创造者是一家提供企业在线应用的在线开发平台，我国的中小企业就是它的主要客户。中小企业所需的诸如小型企业资源计划（enterprise resource planning，简称 ERP）、数据库管理等各类管理信息系统都可以通过该开发平台进行简单的开发并在线实现运行。它的开发过程非常简单快捷，其快捷特征包括三点：鼠标拖拽设计表单、脚本控制业务逻辑和异地办公用户协作。企业人员无需编写代码，甚至不需要编程经验和数据库知识，只需要了解业务流程，即可通过简单的拖拽操作来为企业量身定制独一无二的管理系统。另外，百会创造者的项目团队还可以根据企业客户的需求，通过标准化产品与定制开发相结合的手段为其量身定做信息系统，为我国中小企业带来更大灵活性与易用性。目前，百会创造者已经集成呼叫中心、身份证认证、在线通信工具，以及 Google 企业套件等多种新型应用，最大限度地满足了我国中小企业用户新形势下的新业务需求。它充分体现了互联网低成本、高效率、规模化应用的特征。

对于中小企业信息化建设，云计算技术除了成本和技术方面的优势以外，还具有诸如安全性、可靠性，以及节约能源等方面的应用意义。中小企业在经济发展中起着重要作用，信息技术又能有效促进中小企业的竞争优势。

二、基于价值链模型的影响路径

相关研究指出，信息技术已经渗透入了价值链的各个活动环节，为客户创造价值。但是，随着企业规模的增大以及业务活动量的增加，中小企业信息化也会变得愈发复杂，中小企业需要投入更多的资金，引进更多的人才，才能适应企业活动对信息技术要求的持续增加，进而为客户创造他们所需的产品与服务价值。而这种现状又与当前中小企业信息化水平普遍偏低，资金短缺和管理不完善的境况越来越矛盾。大多数中小企业的信息化水平还停留在文字处理、财务管理，以及办公自动化阶段，企业局域网应用也主要停留在内部信息共享方面，这与企业管理要求相差甚远。因此，如何进一步利用信息技术促进相关活动的运行效率，进而获得竞争优势也就显得至关重要。相关学者根据云计算的相关服务模式及其对中小企业信息化的创新性影响，结合波特的价值链模型，提出一个影响路径图，对云计算技术如何影响中小企业的相关活动进而影响中小企业竞争优势进行分析。云计算技术影响中小企业竞争优势主要表现在以下几个方面：

首先，云计算提供的 SaaS 服务模式对中小企业信息化的意义最为明显，其对中小企业的竞争优势也能产生有效影响。中小企业由于诸如资金、人才等方面的不足使得其无法购买生产运营过程中所需的价格昂贵的管理信息系统和软件，再加上软件的维护和使用方法的培训都需要付出巨额的支出，这使得中小企业在很长一段时间内无法满足生产、经营、销售、财务等各项能够创造价值的活动对信息技术的需求。而云计算提供的 SaaS 服务模式通过互联网，可以将目前在企业中应用比较流行的管理软件和信息系统按需提供给中小企业用户。例如，基于云计算技术的商务智能（business intelligence，简称 BI）能有效改善数据仓库（data warehouse，简称 DW 或 DWH）、联机分析处理（online analytical processing，简称 OLAP）和数据挖掘（data mining，简称 DM）等信息技术的性能，而所有基本活动和辅助活动中凡是涉及信息搜集、处理、分析，以及制定决策的部分均能就此有效地得到改善，在降低成本的同时，也能有效地发掘客户的价值需求。中小企业无论选择的是成本领先战略还是产品差异化战略，或者是目标集聚战略，均能借助 SaaS 服务模式予以强化，从而提升企业的竞争优势。

其次，由于传统定制软件的方法并不适合中小企业，这使得中小企业经常无法获得符合自身的情况的应用程序和系统。而 PaaS 服务模式能够提供云计算平台方便中小企业根据自己的需要进行开发诸如小型 ERP、数据库管理等各类管理信息系统，满足个性化需求。中小企业无需购买和维护软件开发工具，并根据基本活动和辅助活动中的活动特征，开发适合自己的在线信息系统和应用程序，它对辅助活动中的技术开发最为明显。在弥补中小企业技术方面缺陷的同时，PaaS 服务模式通过改善中小企业追求个性化方面的不足，以及形成产品差异化战略，以提高它们的竞争优势。

再者，云计算的 IaaS 服务模式带给中小企业信息化的最大价值在于其能按需提供超级计算能力、超大存储空间以及网络带宽等一直困扰中小企业信息化建设的 IT 基础设施。其中，虚拟化技术是关键，其弹性、灵活性和可靠性使得用户不需要自己去建立计算平台，节省了 IT 设备的采购和维护费用。它所提供的超级计算能力能有效满足生产经营、服务，以及企业基础设施和人力资源管理等价值链中的关键活动对信息技术和设备性能的要求。另外，中小企业由于技术方面的不足，内部系统经常受到大量的网络攻击，而云计算的数据存储技术则有效地解决了这一难题，在保证安全性的同时也能适应中小企业规模的日益增加。而 IaaS 提供的网络带宽服务能有效改善企业的订货流程以及与分销商的联系，并为客户提供更好的技术咨询服务。该服务模式嵌入到中小企业价值链的活动中去，能十分有效地改善企业的业务运营效率，创造满足顾客的价值，提高其在产业内的竞争优势。

最后，由价值体系我们可以得知，除了基本和辅助物理活动外，企业的价值链还包括在公司内部、公司同供应商、零售商，以及终端顾客之间的信息流。并且随着信息技术的渗透，这些信息流的作用也越来越重要，对各种信息流的处理决定着跟供应商之间的关系、客户的忠诚度以及雇员的忠诚度等，进而能影响到企业创造价值的能力和企业的竞争优势。而云计算提供的超级计算能力以及可靠的网络带宽性能，能有效地促进价值体系中各方价值链中的信息流动，提高中小企业和各利益相关群里的信息共享和传播的能力，弥补其信息供求之间的不平衡，获取客户、供应商，以及市场的最新信息，这些信息对中小企业实行成本战略或产品差异化战略进而创造价值、提高竞争优势来说十分重要。

三、基于资源观理论的组织绩效

（一）资源观理论

在信息系统研究领域，资源观理论已经得到了广泛的认可和使用，通过该理论，研究者们能够评价不同 IT 资源的战略价值，并研究它们对组织绩效的影响。对于同样一种技术，有的企业能够理性地使用它，并取得了更多的成果，但是另外一些企业却遇到了一些挑战，甚至使自己的组织绩效变得更差。这一现象也导致了相关学者对于哪些 IT 资源能够促进中小企业竞争优势一直存在着争论。Bharadwaj 等学者经过研究指出，IT 基础设施、IT 技术技能、IT 管理技能，以及 IT 促成的无形资源能促进企业保持较高绩效，进而产生企业竞争优势。另外，环境因素对这些资源以及企业绩效起着调节作用。我国学者张晶、黄京华等通过研究全面系统地总结了能产生竞争优势的 IT 资源主要有 IT 基础设施、IT 人力资源、IT 关系能力和 IT 战略能力，它们均通过影响组织的财务绩效和组织行为绩效来提高组织的竞争优势。IT 能力是调用和整合基于 IT 资源的能力，这些资源和能力只有和其他资源和能力相结合，才能促进组织绩效，获得竞争优势。根据云计算的技术特征，云计算技术能依据用户需要对云端的大量 IT 资源通过高速互联网进行灵活分配并控制，促进两个重要的无形资源——创新能力和协作能力的生成并与之整合，进而促进中小企业组织绩效，并获得竞争优势。而云计算技术的安全性和服务可靠性作为限制性要素对云计算影响中小企业组织绩效的途径产生了影响。

（二）云计算 IT 能力

云计算的 IT 能力主要包括以下几点：

1.客户服务定制能力

在云计算技术出现之前，中小企业很难获取根据自身条件而定制的 IT 资源。而软件和硬件提供商提供的服务大多是标准化的，因此无法满足资源稀少和不可模仿的特性。如果中小企业能够从供应商那里获得他们所需要的满足自身业务情况的定制化 IT 服务，那么这些 IT 资源将是不可替代和不可模仿的。云计算技术的 PaaS 服务模式所提供的运用开发平台能够允许中小企业根据自身的特殊需求开发应用程序，并运营于服务提供商的云计算平台，使其得到的信息化服务不同于其他竞争者。

2. 资源内部互联能力

SaaS 和 IaaS 服务模式都能够根据客户的需求按需提供软硬件 IT 设施，云计算中心能够根据用户的 IT 基础设施需求，有效地整合虚拟资源，为中小企业提供定制的硬件服务。另外，云计算技术能够通过互联网连接各地的虚拟资源池，客户能够同时使用相同的资源。这就能方便中小企业利用这一 IT 服务能力与他们的利益相关群体建立广泛的合作关系，能够提供这些服务的 IT 资源也是极为稀有、并可替代的。

3.IT 服务匹配能力

中小企业需要从管理和技术角度确保云计算技术提供的 IT 服务具有很高的匹配性。从技术角度来看，云计算技术由于其提供服务的灵活性，提供的 IT 资源要与中小企业及其利益伙伴现存的技术达到很好的兼容，由于中小企业使用的 IT 设备水平参差不齐，一旦云计算技术提供的 IT 服务与此不匹配，将会为中小企业信息化带来麻烦；而从管理角度来看，云计算技术区别于其他信息技术的重要优势之一就是云计算技术提供的 IT 服务也能够与其信息化战略目标达成较好的一致。

（三）定性分析影响途径

以云计算所提供的 IT 能力为基础，云计算影响中小企业组织绩效的途径主要体现在以下几个方面：

首先，作为企业的无形资源，创新能力和协作能力能有效促进中小企业运用云计算技术提供的相关 IT 能力提高组织绩效并建立和维持长期竞争优势。由于中小企业受资金和信息化基础实施薄弱等条件的限制，因此他们的企业竞争优势应该建立在创新和与利益相关群里的协作方面。这两个重要因素能够提高他们所能提供产品和服务的价值，使他们有别于他们的行业竞争者，因而能促进中小企业提高财务和组织行为绩效，获得竞争优势。

其次，由于所处环境的动态变化和强烈的不稳定性，创新能力对于中小企业来说是取得成功的关键。云计算技术所提供的服务定制化和资源内部连通性能有效促进中小企业的创新能力。当中小企业依据他们的需要在云服务供应商那里定制 IT 服务时，他们就能根据这些服务获得属于他们自己的 IT 资源，这些资源能与他们的战略目标相匹配，提高他们的创新能力和创新进程。而云计算技术能够提供的资源内部互联优势，则能有效促进中小企业内部员工以及企业与供应商、分销商和客户的信息交流与共享，有利于中小企业依据客户的个性化需求，提升他们的创新能力，进而提高中小企业组织绩效，获取竞争优势。

最后，影响中小企业组织绩效的关键所在也包括企业内部及其与外部相关群体的有效地协作能力。云计算提供的 IT 服务的匹配性则能对中小企业的有效协作产生影响。技术上的匹配能有效平衡企业业务运营活动，而管理上的匹配则能增强中小企业的协作能力。内部互联性也能通过工作流以及彼此信息的交流对中小企业的协作能力产生影响。这些云计算提供的 IT 服务能力能有效促进中小企业及其相关群体的工作方面的协调能力，进而提升业务运营的效率，提高竞争优势。

（四）影响的限制性要素

云计算服务的安全性和可靠性对中小企业应用云计算技术创造竞争优势产生了阻碍，其主要体现在以下三个方面：

首先，虽然云计算技术给中小企业带来了巨大的机遇，但是其应用时所面对的潜在挑战也是存在的。大量的研究成果指出，影响云计算技术应用的主要问题是其用户数据存储的安全性和隐私性，服务的兼容性和可靠性等。而这也是导致中小企业对云计算技术大多持观望态度的主要原因。云计算技术对中小企业组织绩效的影响不可避免地受到这些限制性因素的影响。云计算技术是一种基于互联网的计算模式，当中小企业用户将个人数据迁移并存储在云数据中心的时候，就不可避免地会对一些信息泄露、恶意攻击和病毒侵害等安全问题产生担心。尤其是政府和一些大企业用户，对有些极度私密的商业信息，一旦外泄，可能对其产生致命的后果。中小企业由于资金问题而从那些便宜的、服务安全性低的供应商那里获得 IT 服务时，这种安全性问题就显得尤为突出。

其次，云计算数据中心的正常运作需要稳定的网络环境，一旦网络瘫痪，中小企业用户的数据传输过程中将会不可避免地出现安全问题，甚至有可能丢失数据，其后果也是不堪设想。整个云计算产业面临的同样的安全问题就是如何确保涉及中小企业知识产权的数据在传递过程中不会被窃取并保证企业能够在任何地方、任何时候都能安全访问自身的数据。

最后，云服务的可靠性问题也是一个比较突出的问题。可靠性对中小企业使用资源和服务的满意情况以及服务级别协议（service-level agreement，简称 SLA）质量均产生直接的影响，但是 Google 等 IT 巨头的云计算平台近年来均发生过不同程度的故障而被迫中断服务，而随着服务过程中问题的相继出现，人们对云资源和服务的可靠性和性能产生了越来越多的担忧。这些有代表性的问题将会对云计算所提高的 IT 服务能力产生最为直接的影响，并对中小企业建立和维持长期竞争优势产生一定限制和阻碍。

对于中小企业来说，自身持续发展的重要动力就是信息化，它可以有效促进其竞争优势的建立和维持。云计算技术作为当今计算机科学的一个热点，其相关服务模式的应用，可以很好地帮助中小企业解决传统信息化建设方面的弊端，进而形成自身的竞争优势。

第三节　云计算与中小企业人力资源管理

一、以云计算为基础的中小企业人力资源管理系统

（一）以云计算为基础的中小企业的人才招聘

求职者、人力资源管理部门、业务部门和第三方招聘服务提供商的实时在线协同工作是通过云招聘管理系统来实现的，云招聘管理系统可以实现提高招聘效率和降低招聘成本的目标，具体做法如下：

1. 全面高效地储备人才资源

中小企业可以依据多种渠道广泛地收集建立并对简历进行标准化处理，可实现智能识别，冗余存储的方法能有效避免数据重复。云招聘系统能随时对各类人才资源信息进行更新，非常便于数据查找，协助用人单位方便快捷地搜寻有效简历，及时快速地与应聘者进行沟通交流，进而完成全面高效地储备人才。

2. 利用大数据寻找潜在求职者

对中小企业而言，效果最佳的一种方式就是内部招聘，但是因中小企业人才储备少、激励机制不完善等原因，内部招聘只占招聘活动中很小的比例。云计算出现后，中小企业可以充分利用各大招聘网站、猎头招聘公司和利用员工关系网路进行人才推荐。在云背景下，人才雷达可依据网上个人所留下的生活轨迹、心理状态和社交活动记录等行为数据，一定程度地分析出他的兴趣爱好、性格画像、能力评估等，快速达到"人岗匹配"。人才雷达通过系统自动匹配符合所招

岗位技能要求的人才，按照岗位契合度进行排序，而每一个被系统筛选出来的推荐者头像旁都会展现一个职业背景、好友匹配、性格匹配、职业倾向、工作地点、专业影响力、行为模式和求职意愿信任关系等九维的人才雷达图，以便招聘人员快速进行挑选，从而降低成本并提高人才招聘效率。另外，云招聘系统和传统的猎头公司相比，采用群体智慧方式能够更加客观地和更广泛地筛选人才，改变了传统人力资源管理中缺少数据支撑的不足。

3. 给予全面的人才测评

目前，大部分的企业进行人才测评都使用单一的专家评估模式，IT 手段也主要依靠题库测评，且人才测评结果的判定也具备一定程度的主观性。云计算技术可以对人才测评中的一些问题进行改进，比如为人才选拔和人才分类等提供新的手段和方法做参考。"胜任力"代表着特定岗位所需员工的优秀素质特征，通过访谈、编码、调查问卷和统计分析等系列过程构建胜任力模型。在云背景下，我们若能通过建立庞大的员工和组织基础数据，利用现代信息科学技术，准确地计算出绩效优秀员工的素质特征，从而使岗位特征成为企业选人和用人的标准。今后进行人才测评，我们需要将大数据技术的挖掘、分析和应用与人才测评进行有效结合，把人才分类进行分析和研究，并对人才测评指标体系进行详细地量化分析，努力发掘数据背后的人才相关信息，找到各数据之间的潜在联系。未来，人力资源管理系统将依托云计算技术不断地更新人才资源库和胜任力的特点模型，为企业找到最合适的人才。

4. 完成人才招聘的信息化

传统的招聘手段往往在大量的简历表格和文件当中进行，云计算时代的到来，可帮助中小企业在短期内找到最合适的人才。要实现人才招聘的信息化，这就要求中小企业首先就必须具有更新快、数据畅通的大数据交流平台，要建立自己的网站，并设置专门的招聘人才网页，主要用于公布企业所需的各种招聘职位及其对应的福利待遇等。在这个网页当中，企业可以提供各种用于应聘者登记信息的表格和资料的电子文本，以供求职者按照实际需要自由下载。云招聘时代下，中小企业应该尽快转变招聘理念，更新招聘方法，优化现在的招聘流程，这样才可以利用云平台的优势，快速而高效地招到企业所最需要的特定人才。

（二）以云计算为基础的中小企业的人才培训

云计算环境下，中小企业培训包含内部培训和外包培训两种形式。内部培训可以通过云平台购买或租赁相关资源来组织企业人员培训，还可以邀请人力资源业务合作伙伴来企业指导培训等。外包培训一般可依据自身需求来选择合适的专业培训机构。基于云计算的中小企业的人才培训的优势如下：

其一，在培训需求调查的基础上制订计划、发布信息，通知相关员工参加培训。以往，中小企业的内部培训方式有师徒式培训、课堂式培训，采用云平台的资源后，可以将原有的模式进一步加深，企业可购买相应的培训软件或租赁相关培训资源，在网上就可以实现新型师徒式、课堂式培训。这样的培训不仅有效地节约了成本，而且资源利用率还大大地提高了，并在一定程度上满足了企业个性化的培训需求。员工可以利用碎片时间来学习自身所需的知识，比如业务知识、高效沟通技巧、管理技巧、办公软件应用知识等；可以采用移动式的学习方式，依据自己的时间来安排评价测试。

其二，中小企业可选择将培训业务外包，在云平台上有各式各样的专业的培训机构供企业选择，这些培训机构利用云平台的优势，扩大培训资源的共享范围，培训的方法、技巧和手段不断丰富、更新，比如户外拓展等。中小企业将培训需求告诉培训结构，机构培训提供定制化服务。

其三，基于云计算的中小企业培训能够及时地满足受训者的培训要求，使受训者在时间和地点上自由安排，发挥了自主学习的优势。和传统的培训方式相比较而言，基于云计算的培训手段不受时间和地点的限制，特别是减少了培训老师的聘请，使得企业培训成本降低，通过充分利用云计算对教学内容进行循环播放，强化培训，减少了企业和员工负担。

其四，员工培训和职业发展规划通过利用云计算技术，将会更加明确。在云计算背景下，中小企业可以利用系统所记录的发展性数据和绩效考核数据建立符合岗位所需技能和能力的模型，新员工入职时就可以依据模型来制定符合员工个体的培训和发展计划，在这些个体计划的基础上制定整个企业的培训和员工发展计划。对于一些通用技能和能力，我们一般可以采取职前培训的方式进行统一培训以节省时间和成本；另外，对于专业技能需制定合适的计划，实行分阶段分批次地培训，从而不断提升员工技能。在员工进行换岗和升职的时候，人力资源工作人员需在系统里按照新岗位要求对其原定培训和发展计划进行修改，使员工更快地去适应新的工作。

（三）以云计算为基础的中小企业的绩效管理

曾经中小企业绩效考核的方式十分简单，一般定性指标较多，领导直接考核员工较普遍，而且考核的结果往往只作为奖惩的根据，很少涉及绩效沟通、绩效反馈等。我们可通过下面的方法对此加以改善：

1. 选择绩效考核工具

基于云计算的绩效管理系统，我们可以将员工层次与特性和绩效考核工具的特点自动进行匹配，然后根据被考核对象的特点，灵活地选用所需绩效考核工具。例如根据员工划分类别的不同，我们可以选择360度考核法、关键业绩指标法、关键事件法等。

2. 实施绩效考评流程

目前，人力资源管理系统主要对数据存储方面有所关注，在引入云计算技术之后，人力资源管理系统将更多地关注管理流程的标准化。比如，在实施绩效考评时，我们采用关键业绩指标法，对云平台中企业内部工作流程的一些关键参数进行重新设置、计算，结合中小企业发展战略目标，将战略目标分解为员工的各项考核指标。一般情况下，业务人员的绩效考核是中小企业绩效管理的重要内容，客户关系管理系统可以随时地记录每位业务人员的客户跟进、回款和考勤等信息，并将这些信息转化为每月客户跟进数量、销售完成率和客户满意度等绩效考核数据，结合相关的绩效评价信息进行科学地数据分析处理。通过云计算服务系统的自动匹配，这种做法可以使操作流程更加科学规范。

（四）以云计算为基础的中小企业薪酬管理

每个中小企业都具备巨大的人力资源数据，比如员工的考勤数据、人口统计数据、绩效考核结果、员工学历信息、人才流动数据、员工培训效果等，云计算的到来可帮助中小企业顺利地处理这些数据，并形成较为合理的处理结果，以辅助企业进行决策。基于云计算的中小企业薪酬管理如下：首先，便捷地进行薪酬福利计算。基于云计算的人力资源管理系统上具备薪酬统计计算和发放等功能，主要利用同构化技术所编制的模型字典和数字字典，从而使员工薪酬数据的核算处理更加地快捷和有效。云服务提供商能为中小企业用户提供先进的薪酬处理系统，若中小企业颁布了新的薪酬方案，系统就能够立即地对其做出响应，并同步地落实企业所颁布的薪酬政策。同时，系统为员工提供自助服务功能，真正实现企业办公无纸化；其次，全面的薪酬数据分析。基于云计算的人力资源管理系统，将拥有更强大的数据挖掘与分析功能，满足中小企业对薪酬数据的需求。云计算技术所采用的分布式存储方法就可以满足中小企业用户的需求，确保人力资源管理系统能够高效地管理这些薪酬相关数据，在数据库中更快速地找到所需数据，并对其进行准确而有效地分析；最后，中小企业可使用"云式薪酬"。"云式薪酬"一方面指的是员工柔性行动与协作的"人力资源云"，即突破传统工作岗位限制，实现岗位跨界协作；另一方面指的是融合了各类激励资源的"薪酬云"，此类奖金体系较为丰富。比如，通过为企业做出突出贡献的员工颁发极具个性的各类奖状、奖章和奖杯，我们可以实现柔性激励。

二、中小企业运用云计算的发展建议

（一）云安全方面的建议

"云安全"依旧是人们关注的焦点，同时也引发了云服务用户对云安全的担忧。"云安全"是目前云计算和信息安全领域一项非要重要的研究课题，而人力资源作为中小企业的重要资源和信息，若发生泄漏和遗失将会给企业带来严重损失，因而中小企业对云计算的安全性要求很高。相关学者在前人的研究基础上总结出解决人力资源管理相关云安全问题，可从以下几方面考虑：

1. 进行多份物理备份工作

每个中小企业的重要资源和信息就是人力资源数据，若因物理介质的损坏而导致人力资源数据遗失或泄露会使中小企业遭受到巨大的损失。故此，中小企业必须建立多个数据库服务器，对人力资源数据进行多个保存备份，以防数据遗失或泄漏。

2. 具有统一的编码规则

因为人力资源数据都是分布保存的，我们应用时经常需要在多个地方进行检索，而且人力资源数据在传输和交互的过程中，若软硬件发生故障则可能导致人力资源数据失真，因此，我们需要建立一套科学合理的编码规则，以确保数据检索的高效性和准确性。

3. 具有严格的身份认证

云计算的各项服务都是通过网络的辅助来完成的，而且任何可以联网的网络终端都能够进入到云计算服务器的入口。因此，为了安全考虑，登陆云平台需要严格的身份认证机制才能够确保服务的安全性。目前，在登录方式上，我们除了使用用户名和密码，还能够使用加密狗或动态口令的方式。

4.传输过程中加密信息

企业获得更大的竞争优势就是中小企业中利用云计算的目的。但是其特定方案的形成过程，需要企业提供与其相关的信息，这就对相关信息的保密工作提出了挑战。计算机密钥是能够解决信息泄露隐患的手段之一，层层的加密解密过程，能够对客户信息资源提供安全保障。若要保证人力资源数据传输中不被篡改或窃取，我们就需使用加密算法。

（二）知识产权保护方面的建议

1.云计算环境下的几个知识产权问题

云环境下急需解决的知识产权保护问题包括云计算中商业模式专利问题、商标权问题和商业秘密问题。

（1）云计算环境下的商业模式专利

商业模式专利，指的是企业将自身所具有的特色商业活动经营方式和管理方法，与网络技术和计算机软硬件相结合进行申请而获得的一种专利。云计算为中小企业人力资源管理带来的最明显优势，是其将网络信息服务技术与企业需要的相关服务相结合，能使企业不需太多投入就可以获得所需资源。但是，对依据特定需求提供的服务，很可能被其他的企业抄袭利用，这就使产权保护成为需要补充的环节。

（2）云计算环境下的商标

商标是为了区别商品或服务的来源的一种标记，它不仅是商品竞争的一种产物，也是企业进行市场竞争的一种手段。商标是企业对外最直观的形象，在云计算时代，云服务的广泛使用成为企业进行市场竞争的重要手段。要想在云计算发展的初始阶段抢占商机，企业就需要培育一个优秀的品牌形象，商标由此成为保障其实施的关键一环。

（3）云计算环境下的商业秘密

在市场竞争中能够取得竞争优势的一种有力武器就是商业秘密，但互联网的发展给秘密信息的保护带来了不小挑战，秘密信息的披露、公开和传播是企业目前所面临的难题之一。从目前所发生的侵犯商业秘密的案件来看，其主要分两类：一类是云计算技术的限制而导致的安全漏洞泄密；另一类是商业秘密侵权，包括披露、滥用和数据劫持等。

2. 应对对策

（1）政府对策

云计算的发展对我国国民经济的提升和产业的升级改造具有重要的战略意义，相关学者认为国家应当从以下几个方面来制定战略规划：其一，就目前云计算推广发展过程中所遇到的问题，云计算的应用面临着知识产权保护问题，相关的法律法规制定，能使其发展得更加顺畅；其二，云计算在企业中的应用已成为一个重要趋势，政府需要大力推动其发展势头，在找准其发展突破口的情形下，从小的方面入手，使云计算技术在企业中应用的范围更加地广泛。我们要转变政府单方面推动的发展模式，实现市场经济的宏观调控作用；其三，进行云计算产业监督管理。基于云计算的企业发展，其顺利运行所涉及的不仅仅是企业一方。众多利益相关者的协作，需要一定的机制保障协调。引入第三方机构监管，并辅之以政府引导的约束，这是有利于整个云计算产业长远发展的方法；其四，适度放松专利审查标准。我国的专利审查人员应该放眼国际，以新视野来看待云计算技术，在国家法律法规允许的范围内，适当放宽专利审查标准，避免因有些专利未得到审批而影响云计算的长足发展。

（2）企业对策

从企业方面来讲，我们可从以下方面制定云计算战略：

①制定完善的企业知识产权策略

首先，商业模式专利战略。在云计算产业竞争中，企业不仅要加强对本企业的专利技术的及时保护，还应该持续关注云计算专利技术的最新发展动态，而且要及时地了解他人的专利技术，关注技术创新，但要避免对他人技术专利造成侵犯行为；其次，商标权战略。企业应该及时申请注册具有独创性的商标，通过法律保护，从而为企业的长远发展提供保障。在商标注册方面，企业可以依据自身特点和经济实力，创造国内外驰名商标，而且国际上对驰名商标是有特殊保护的，同时也可以扩大企业知名度和提高企业竞争力；最后，商业秘密战略。企业应具备强烈的自我防卫意识，应尽量不要把重要的商业机密文件上传到云端，以减少商业侵权事件的发生。与此同时，企业还可以和云服务提供商签订相应的保密协议，以明确双方的责任，尽量减少不必要的损失。

②参加行业标准制定

由于各方目标存在差异性，这使云服务的共享性受到制约。中小企业加入标准的制定，有助于推动共同标准的形成，使云计算的优势得到充分体现。

（三）企业内部管理方面的建议

1. 对于人力资源管理观念的创新

在云计算背景下，信息更新的速度极快，大部分信息已实现共享，中小企业的竞争已经变为人才和创新的竞争，为了获得竞争优势，中小企业应摒弃传统的人才观念，更加重视人才的能力，对员工定期进行培训，制定企业人力资源规划。在实行人力资源管理的过程中，我们要善于运用专业人员，提高人力资源的专业素质，实现企业内部人人具有创新意识，重视创新人才的培养，充分利用计算机办公系统的便利性，广泛与优秀的科研创新人才保持密切联系。许多非本单位的创新人才，通过网络共享平台，也可以成为本企业的人力资源，中小企业要把眼光放长远，树立新经济条件下的人力资源管理观，聚集一切人才优势，结合外部人才资源，为企业谋求长足发展。

2. 对于员工培训方法的创新

在云计算背景下，中小企业竞争意识增强，知识更新速度加快，中小企业应该加大对员工的培训，创新培训方式。首先，中小企业应该加强对员工知识方面的培训，知识是员工最基本的能力，企业应该使员工随时掌握企业所需最新的技术知识，尤其是云计算技术的快速推广，中小企业更应该对其员工进行相关知识培训，特别重视对实际操作能力的培养；其次，中小企业应该对其员工进行技能培训，使员工知识与实践结合起来，能够快速解决工作中出现的现实问题，在中小企业可以采取师徒制的方式进行；最后，中小企业要加强对内部员工的精神文化培训，将企业自身创建的企业文化以培训的手段对员工进行强化教育，使员工持有良好的工作态度，为员工创建一个可以安心工作、拥有和谐的人际关系、能够激发创新的工作氛围。

3. 对于激励机制的创新

在云计算背景下，科技发展迅速，中小企业人力资源也渐渐呈现高素质化，中小企业的员工已经与过去有了很大区别，企业的激励方式也应该随之进行创新。在新环境下，中小企业应该在创新物质激励方式的同时，更加重视精神激励。在确定基本物质奖励与奖金等级时，中小企业要区别激励对象，按照标准划分等级，合理确定等级差，以达到激励公平的目的，真正发挥激励效果。中小企业应该重视精神激励与物质激励相结合，目前员工素质提高，更加年轻化，也更加重视自我价值的实现，中小企业应该在物质奖励以外，通过向员工颁发荣誉称号等手段，给员工一定的精神鼓励。再者，中小企业也可以借鉴国外或者大企业经验，采取员工持股、员工分红等激励方式对员工进行激励，将员工利益与企业利益切实结合起来，达到一种激励的效果。伴随着科学技术进步和国民经济发展，作为一种新兴信息技术，云计算将不断更新原有的科学方法和技术手段。在第四次工业革命到来之际，云计算和大数据将改变社会的方方面面，未来将应用于政府、企业等领域，此时，中小企业应该抓住这个发展机遇，运用云计算来改善企业人力资源管理服务质量和效率，提升企业的核心竞争力。

第五章　集群计算机体系结构的研究

第一节　计算机体系结构设计概述

一、计算机体系结构设计相关概述

（一）计算机系统的概念

计算机系统（computer system）是对计算机作为一个整体的统称。我们经常称它为计算机。计算机系统是一个复杂的层次系统。层次系统是一组互相关联的子系统。每个子系统又在结构上分层，直到分成最基本的子系统。层次特性是设计和研究计算机系统的基础。我们可以就不同的层次分别进行研究。每一层的行为仅依赖其下一层更为简单的抽象特征。我们可以一层一层地来研究计算机系统。

（二）计算机体系结构的概念

在研究一个计算机系统时，我们经常会碰到三个重要的概念，其主要包括计算机体系结构（architecture，又称系统结构）、计算机组成（organization，又称组织）和计算机实现（implementation，又称实现方式）。计算机体系结构设计主要属于硬件设计的范畴，它是指基于计算机系统设计规范。计算机体系结构设计包括功能、性能、功耗、成本、可靠性等，它可以设计计算机的硬件和软件的接口。硬件的设计是分层次的。它包括高层次的处理器、存储器、输入/输出（Input/Output，简称I/O）等部件的选择和互连，也包括低层次的各个部件的内部结构设计。软件接口的设计是指设计的硬件对软件的支持，即如何实现软件对硬件的调用。软件接口可以看作是硬件的抽象，用于对软件的设计，其包括编程语言（汇编和高级语言）、编译器和操作系统等的设计。

而计算机系统设计是指包括计算机体系结构设计（硬件结构设计、软件接口设计）、软件设计（语言、编译器、操作系统）以及硬件和软件系统集成的一个统称。一般认为，软件和硬件界面问题属于体系结构的研究内容，它其实应该是属于系统集成的问题。计算机组成是指如何设计体系结构级别的部件，而且多指逻辑上的设计。而计算机实现指的是具体的物理实现。

（三）通用计算机的体系结构——冯·诺依曼模型

最为成功的通用计算机的体系结构模型到目前为止仍然是冯·诺依曼模型。指令集是冯·诺依曼模型的编程模型或称硬件的抽象。高级语言描述的应用被编译器翻译成指令集存在存储器中，然后由中央处理器（CPU）以固定的取指令、指令译码、指令执行和存储四周期过程执行指令，同时伴随有数据的处理。冯·诺依曼模型的计算机体系结构是固定的，可编程的特性体现在软件的编程上，具有很好的通用性。但是，它是以牺牲性能为代价的。冯·诺依曼模型的计算机体系结构是应用适应固定的硬件的计算模式。改进型的冯·诺依曼体系结构基本上仍保留原来的结构模式。但是改进型的冯·诺依曼模型的计算机体系结构的计算机系统性能获得了提高，如增加新的数据表示（浮点数、字符串、十进制的表示、多媒体数据表示）、增加新的功能部件、新的操作指令、采用虚拟存储器、增设高速缓冲存储器、采用流水线技术、采用多功能部件等。改进型的系统结构从原来以运算器为中心逐步演变为以存储器为中心，并不断开发计算中的并行性。改进型系统结构的优点在于它能够与现有系统保持兼容。因为用户容易掌握，所以它能够得到更广泛的应用。但是对于某些新的应用领域，如人工智能的应用等，传统计算机的结构难以适应。

（四）并行计算机的体系结构相关内容

并行计算机是多个处理器或多个计算机系统并行组成的计算机系统。并行的体系结构是计算机体系结构发展的趋势。日益复杂的应用不断推动对计算机性能的要求。半导体技术进步的趋势表明，通过单机速度的提高来提供高性能是困难的，而通过并行的体系结构则是可能的。并行的体系结构设计从通用计算领域中的位级并行、指令级并行、多处理器并行等发展到超级计算领域中的大规模并行、集群的多机并行等多种并行方式。为了不断提高计算机系统的性能，并行的体系结构经过多年的发展已经开始走向融合。相关学者强化并行程序设计和并行软件的易使用性，希望能够达到性能和通用性都好的目标。

对称多处理结构（symmetric multi-processing，简称 SMP）是由 Sequent 公司最

初发表的集中式共享存储器多处理器的典型结构，属于均匀存储器访问均匀访存模型（uniform memory access，简称 UMA）。SMP 系统使用高速总线将商用的处理器连接到一个共享的存储器上，最重要的特征是对称性。每个处理器均可访问系统的共享存储器、I/O 和操作系统，具有单一的存储器空间。这简化了系统和应用的程序设计，并且使数据同步更容易。但由于所有的处理器和 I/O 控制器都会争用存储总线和共享存储器而形成瓶颈，这导致 SMP 系统的可扩展性差。

二、集群并行计算机相关概述

（一）集群并行计算机的概念及分类

在现代社会，随着科学技术的进步和网络技术的飞速发展，以网络为基础的集群并行计算环境以其较高的性价比引起了人们的广泛重视。在并行计算机的发展历史中，高性能并行计算技术依次经历了 SMP 并行、集群、网格等计算模式。SMP 计算机价格较低，其性能扩展范围有限。网格计算适合于全局范围内的计算资源共享。相对而言，局域内松散互连的集群计算系统具备宽范围的性能伸缩性，可满足各种应用的要求。它能够由低价位的商业易购设备构建来获得良好性能价格比。大部分硬件和软件投资能够在较长的生命周期内得到利用。因此，集群并行计算机的诞生被誉为并行计算机工业的一个革命性的事件。

集群并行计算机系统是利用高速通信网络将一组高档工作站、服务器或 PC 计算机按某种结构连接起来，在并行系统软件支持下实现高效并行处理的系统。与单个 PC 计算机不同，集群并行计算系统中的 PC 计算机可以没有显示器、键盘、硬盘和软盘驱动器等。但是，每个 PC 需要高速的 CPU、足够的内存、高性能主板和高性能网卡。集群并行计算机系统需要高性能的交换设备、高效的通信协议、高性能的并行系统软件和高性能的并行应用软件开发工具。集群技术用户可以以较低的成本来改进他们的计算机处理能力，也就是提供了可扩展性。由于软件的可扩展性支持，应用程序的性能也得到了提高。集群计算的另一个好处是集群故障恢复能力。这使得备份计算机可以将在属于同一集群系统中的故障计算机上执行的任务接管过来。

基于不同的因素，集群可有以下几种分类方式：第一，按照运用目的分类。集群包括高性能集群（HP）和高可用（HA）集群；第二，按节点归属分类。它包括专用集群和非专用集群。专用和非专用的区别在于集群节点的归属。在专用集群中，特定的个体并不拥有一个工作站。资源是共享的。并行计算可以在整个集群上执行。非专用集群是指个人拥有工作站。应用程序是靠窃取空闲 CPU 周期来执行的；第三，按节点构成（体系结构和其上运行的操作系统）分类。集群包括同构集群和异构集群。同构集群的所有节点有相同的结构。异构集群的所有节点并不拥有相同的结构；第四，按系统实时性分类。集群包括非实时集群（用于事务处理、科学计算等）和实时集群（用于实时仿真、实时多源信息处理等）。

（二）集群并行计算机的特征和优势

传统的大型计算机和超级计算机由于其处理器、操作系统和编程工具是专用的，它的成本高、伸缩性差、编程复杂。应用软件的开发周期往往大于硬件系统的淘汰周期。因此，它们难以被推广与应用。与大型计算机和超级计算机研制和应用开发成本不断增高形成鲜明对比，PC 计算机和高速网络设备的性能越来越高，价格越来越低。人们在对办公室和实验室大量的 PC 计算机和工作站的使用情况分析中发现，单个 PC 计算机的 CPU 利用率小于 10%。随着 CPU 性能的提高，这个比率将会更小，从而使多个 PC 计算机总的计算能力浪费情况更加严重。这些都促使了集群并行计算机的诞生。集群并行计算机具有以下特点和优势：第一，比大型计算机和超级计算机成本低，开发周期短；第二，集群并行计算机由于采用的是商品化的软硬件，因此容易维修和升级；第三，可伸缩性好。我们要扩大计算能力就可以添加新的处理器；第四，可靠性高。即使某几台计算机出现故障，整个系统仍然可进行并行计算；第五，能满足不同规模计算的要求。集群并行计算机的 CPU 从几个到几千个不等，能满足不同用户的需求；第六，用户投资风险小，并且可以利用已有的计算机资源；第七，集群并行计算机容易通过网络集成；第八，开发工具通用而且丰富。基于 PC 计算机的集群并行计算系统大多采用 Linux（一种自由和开放源码的操作系统）操作系统。Linux 平台上的工具和应用开发发展非常迅速，有许多自由和共享软件可用。

到目前为止，军事领域内大多数关键的实时计算系统采用高端 SMP 计算机或专用计算设备构建。系统成本昂贵且开发周期长。随着应用系统信息量的迅速增长，应用对计算设备的性能要求也随之提高。这些传统模式的计算设备扩展能力受到体系结构的先天限制，在提升系统性能时往往需要完全重新购置性能更高的计算系统并重新开发相应的应用软件。原有的硬件和软件投资在这个更新过程中会被完全丢弃。大多数高端计算机自身的操作系统及设备驱动程序源代码不开放，使得军事领域实时计算系统应用者对系统的安全性不能做到心中有数，同时也给专用 I/O 设备性能的优化带来困难。集群计算技术的最大诱惑力就在于其使用商业易购设备构建高性能计算系统方面。在信息化时代，无论一个国家计算芯片和系统制造能力如何，商业易购设备总是有着巨大的拥有量和库存量。使用商业易购设备构建军事领域内高性能实时集群计算系统，相对需要专门订货和拥有量较少的高性能计算设备或专用设备而言，其应用系统的可维护性和被摧毁后的再生能力有更好的保证。它能够保证战争时期军事信息系统的生存能力。

从本质上来说，并行计算平台的目的就是提供并行编程环境和工具。它可以在系统层面上将硬件结构、软件模块整合起来形成并行计算系统的同时，将应用程序开发和并行计算实现细节分离开来，使得开发人员易于理解和实施应用系统。从战略角度来说，实时集群系统大都应用于关键军事机构、开发有自主知识产权的。基于商业易购设备的集群计算环境对军事信息系统的安全性和生存能力有着十分重要的意义。

第二节　可扩展 I/O 体系结构研究

一、高性能计算 I/O 要求与存在的挑战

（一）背景

I/O 的英语全称为 Input/Output，它的汉语翻译是输入 / 输出。理论分析、实验验证和数值模拟计算是进行科学研究和探索的三种主要的技术手段。数值模拟计算过程包括数据产生、数据后处理、数据可视化、数据挖掘和数据分析等多个阶段。它需要将大量复杂的数据与超大规模的存储、网络和计算能力相融合，对计算机的计算和数据处理能力提出了巨大的、不断增长的需求。科学与工程计算领域中量子化学、统计力学和相对论物理学、宇宙学和天体物理学、计算流体动力学、新材料和超导、生物学和遗传工程、酶活性和细胞模型、医学、全球气象和环境模型等都是具有深远影响的重大挑战性问题。所有的这些问题都具有极大的计算量和数据量，对计算机的计算和数据处理能力提出了极高的要求，有力推动了超级并行计算机的发展。国际超级计算机计算性能现已跨越千万亿次量级。

美国能源部（United States Department of Energy）和五大国家实验室构建的存储系统容量已达到 PB 量级。美国卡耐基梅隆、加利福尼亚等大学专门成立了 PB 级存储研究中心，迎接千万亿次高性能计算对数据存储容量、I/O 性能、可扩展性、可靠性、可用性和易管理性的巨大挑战。

（二）高性能科学计算I/O要求

高性能科学计算应用需要处理和维护的数据量极为庞大。美国国家航空航天局（National Aeronautics and Space Administration，简称 NASA）的地球观察数据和信息系统（EOSDIS）管理来自 NASA 的地球科学研究卫星的数据，支持 190 多万用户，提供数据存档、分布式信息管理服务。欧洲核粒子研究中心（CERN）构建的大型高能物理实验平台存储容量也达到 PB 级。大型强子对撞机（large hardon collider，简称 LHC）实验产生了 20PB 的数据，并且会在往后更长的时间里将继续保持平均的递增速度。很多科学计算应用已经成为数据密集型或 I/O 密集型应用，需要极大的数据存储容量和 I/O 吞吐率。它们对高性能并行计算机系统的 I/O 能力提出了越来越高的需求。大多数科学计算应用远不能达到计算机的峰值计算速率，其主要原因包括以下几个方面：第一，大多数处理器上的峰值计算速率是基于程序只执行浮点乘加指令假设的；第二，存储墙问题严重影响系统的总体性能；第三，I/O 操作以及处理器间通信等需要占用大量时间。实际运行环境对系统峰值性能的利用程度可以用有效系统性能（effective system performance，简称 ESP）来评价。

（三）I/O具有的瓶颈问题

与巨大的 I/O 需求相比，I/O 瓶颈问题日益突出。I/O 设备性能发展缓慢导致 I/O 系统成为高性能计算机系统的主要瓶颈之一。CPU、内存、互联网络和外部设备以不同的速度发展造成了计算机的不同基础部件性能的不平衡。根据摩尔定律，CPU 性能每年提高 60%。而作为主要 I/O 设备的磁盘，它的读写带宽和访问延迟，每年仅仅改善 10%~20%。这导致 CPU 和磁盘性能之间的差距越来越大。在物理内存不足时，I/O 密集型应用的性能会严重下降。这种现象的根本原因在于系统内存与磁盘之间的性能和容量差距过大。而且近几年，内存迅速发展，与磁盘之间的性能差距还在进一步扩大。这使得访存与 I/O 带宽失衡问题日益严峻。I/O 系统成为高性能计算机系统瓶颈的另一个原因是并行度发展滞后。高性能并行计算机系统中 I/O 硬件的并行度通常远低于计算结点的并行度。这使 I/O 性能与计算性能的不匹配问题变得更加严重。换而言之在并行计算机系统中，I/O 瓶颈问题比单机系统更加突出，而且系统规模越大越是如此。这严重阻碍了千万亿次计算能力的有效发挥。在典型的 I/O 密集型科学计算应用中，I/O 性能将成为决定应用是否能正常运行的关键因素。

造成 I/O 性能瓶颈的原因还包括硬件系统结构的制约、文件系统设计的制约、机器配置的制约、应用 I/O 需求的制约等。使用成千上万处理器的科学计算应用程序呈现多样化的输入输出特性，其主要表现为：第一，并行科学计算应用程序的 I/O 多是周期性 I/O。在计算及其他活动的间隔中，密集的并发 I/O 请求就会出现；第二，I/O 请求的数据量变化幅度很大。即使是在同一个应用程序中，I/O 请求的数据量也可能从几个字节到上千兆字节不等；第三，I/O 访问模式包括顺序访问类型、交错访问类型，甚至多种访问模式混合类型；第四，I/O 请求的并发度从可完全并发（如各结点发独立的 I/O 请求）到完全不能并发（如必须由某一结点管理的 I/O 请求）不等，有涉及数千个 CPU 的大规模并行 I/O 访问。虽然单个结点的 I/O 需求可能是中等程度的几十 MB/s，但是整个系统的聚合 I/O 吞吐量非常高，10GB/s 很常见。PB 量级科学计算应用的吞吐量将超过 100GB/s。所以，并行科学计算既要求为大规模 I/O 请求提供高带宽服务，又要求为大量小粒度 I/O 请求提供低延迟响应。面向高性能计算探索解决 I/O 瓶颈问题的技术途径是一项重要而富有挑战的任务。

（四）可用性的重大挑战问题

随着系统规模的不断增加，可用性已经成为大规模系统发展的重大挑战问题之一。新一代高产出率大规模计算机系统的研究计划（high productivity computer systems，简称 HPCS）已将高可用列为关键目标之一。I/O 系统规模的不断扩大，给系统可用性带来巨大挑战。这种现象的原因主要包括以下两个方面：一方面，系统规模导致的高故障率；另一方面，故障磁盘的数据恢复时间增长。随着科学计算与存储容量达到一定的量级，存储系统需要支持成千上万 CPU 并行 I/O 访问，磁盘访问非常频繁。如此一来，磁盘失效也变得十分频繁和普遍。统计结果表明，磁盘故障导致系统失效的比例为 16%～49.1%。这对于整个高性能计算系统的可靠性和性能具有重要影响。Gibson 领导众多人员研究如何解决与 PB 级数据存储有关的各种问题。他们预计上百个磁盘同时进行数据重建的情况很可能会出现，并且强调系统需要设计成能在修复中高效运行。磁盘失效将大幅降低磁盘阵列访问性能。当前的故障磁盘的数据恢复时间却在逐渐增长。磁盘容量以每年50%左右的速度递增。而磁盘的带宽、寻道延迟和失效率却改进缓慢，性能每年增长不到20%。这种增长速度差异造成容量与带宽之间的鸿沟越来越大，使得单个故障盘的数据恢复时间逐渐增长，并且有可能导致前一次磁盘失效尚未恢复而又发生第二次磁盘的情况。研究人员已经提出了许多容错和恢复机制，并且这些机制也被证明是有一定效果的。然而在对持续增加的可用性需求方面，大规模存储系统的可用性问题仍是一个巨大挑战。

二、研究方向和发展趋势

作为一个软硬件紧密组合的整体，并行计算机系统 I/O 性能是由应用程序、文件系统和硬件结构等多方面因素决定的，彼此互相影响。任何一方的设计缺陷都可能严重影响 I/O 性能。因此，在 I/O 系统结构、存储设备、I/O 互连、文件系统、I/O 库、编译器和运行系统的支持、I/O 特征与性能分析、I/O 密集型应用程序等各个层面，人们对解决 I/O 瓶颈问题的技术途径进行了长期不懈的探索。相关研究的领域呈现出以下发展态势。

（一）I/O 与存储体系结构设计一体化的研究内容

带宽均衡设计和存储层次统筹设计是 I/O 与存储体系结构一体化设计的两个重要议题。相关研究人员曾深入探讨了大规模并行计算机 I/O 系统平衡设计问题。一些研究学者也对面向高性能计算的并行 I/O 课题做了更为全面的理论研究。这些理论很好地指导了具体系统的设计与实现。国际商业机器股份有限公司、克雷公司（Cray）等公司研制超级计算机系统时都注重 I/O 与计算、通信性能的均衡设计，对并行 I/O 性能进行了大量实测数据分析与研究，旨在指导下一代系统更好地均衡设计。美国能源部（DOE）明确提出了 I/O 带宽均衡设计要求。五大国家的实验室也在不断研究总结系统均衡设计经验。

I/O 与存储层次统筹设计是另一个重要议题。并行计算机系统结构中包含的存储层次越来越多。层次间及层次内的副本越来越多。缓存管理和数据一致性维护问题更为突出，并且实现难度也越来越大。I/O 设备处于系统存储层次结构的底层。I/O 子系统的研究不能孤立进行，也不能只局限于 I/O 子系统内部，而应该统筹规划。我们应该进行 I/O 与存储体系结构一体化设计。在相关系统研制时，硅谷图形公司（SGI）公司不仅考虑了带宽平衡问题，还注重 I/O 与存储体系结构一体化设计。它将直接内存访问（direct memory access，简称 DMA）引发的存储一致性问题同高速缓存（Cache）一致性协议进行了系统级融合。无容置疑随着 I/O 瓶颈问题的日益严峻，I/O 与存储体系结构设计一体化是必然的发展趋势。研究面向 I/O 的存储一致性模型及实现技术具有重要的研究意义。

（二）I/O 优化技术融合化的研究内容

提高 I/O 性能的方法主要包括 Cache、预取、并行 I/O 调度和编译指导的 I/O 优化这几类。缓存技术能使响应的时间减少 90% 左右。随着网络延迟不断减少，人们积极研究利用远程内存减少磁盘访问的协作式缓存技术。人们更加注重多级 Cache 的统一管理，并且将协作式缓存与相关技术相结合，更有效地提高并行 I/O 性能。人们对 I/O 预取技术进行了长期不懈的研究，将预取与缓存紧密结合是一个重要的研究方向。Cache 和预取的优化效果与应用 I/O 访问模式密切相关。因此，根据访问模式采用自适应缓存和预取策略是研究的重要方向之一。相关学者采用高层预取和缓存技术隐藏科学计算应用中的 I/O 开销。在一级设计缓冲层中，有的研究人员更好地利用应用 I/O 模式信息来优化 I/O 性能。他们通过编译指导的预取技术能有效改善 I/O 性能。一些研究人员提出了增加预取线程预先执行 I/O 操作的方法来改善 I/O 性能。更有人提出了使用 I/O 签名的方式用于预测复杂的访问模式，改进了 I/O 预取的精度。除此之外，一些研究人员采用相关技术和三步策略研究了最优的存储模式问题，目的在于使 I/O 密集型并行科学应用的数据访问模式和数据在磁盘上的存储模式相匹配。综上所述，提高 I/O 性能的核心思想是开发并行性和局部性。各种的 I/O 性能优化技术的有机融合是解决 I/O 瓶颈问题的必然趋势。

（三）存储设备智能化的研究内容

现代存储技术的发展使得人们有可能利用存储设备控制器本身的处理能力来实现智能化存储。人们针对外部存储设备提出了主动磁盘和主动存储概念，并且展开了广泛深入的研究，将某些类型的管理控制与数据处理任务迁移到 I/O 设备或 I/O 结点。这种做法提高 I/O 性能和系统的自适应性。基于对象的存储技术加速了智能存储的发展进程。人们提出对象接口和基于对象的存储设备（OSD）概念，致力于改变操作系统与存储设备、应用程序与存储设备之间的功能分界。

这种做法加强了彼此之间的信息沟通，为应用程序、操作系统与存储设备各个层次协同优化 I/O 性能提供了有利条件。一些公司都在深入开展基于 OSD 的分布式文件系统研究。国际超级计算机广为采用的相关文件系统在对象存储基础上进一步融入主动存储理念。某个国家实验室在该文件系统中实现了主动存储，推动了智能存储技术在高性能计算领域的研究与应用。机器学习能够对历史信息进行学习，获得对经验知识的描述，并且利用获得的经验处理未来遇到的问题。它能够很好地解决分类问题、回归问题和优化问题。在存储领域中，许多的控制和优化难题均可转换为回归问题或优化问题。目前，机器学习技术在存储系统建模、存储系统的智能控制和性能优化等方面取得了一系列重要研究成果。一个重要的研究方向就是利用机器学习方法解决存储领域中的技术难题。

（四）存储管理事务化的研究内容

存储系统的可用性和诸多系统特性有关。影响系统可用性的特性分为静态的和动态的两类。静态特性包括容忍存储设备失效的数据布局模式和硬件冗余机制。动态特性涉及特定算法和策略的执行。面对大规模存储系统的可用性挑战，相关学者认为："我们必须采取各种措施改善存储系统的容错能力，其包括加快维修速度与大规模并行重建数据。我们可以采用检查点、完整性代码和纠错码以防止出现更多种类的故障，并且将磁盘阵列（redundant arrays of independent srives，简称 RAID）的故障容错率提高 2 倍到 3 倍。"相关学者展开了相关研究工作，不仅着眼于磁盘失效的统计分析、趋势预测和影响评测，并且着手改进现有的文件系统级容错技术。

在修改数据的时候，传统存储系统会对磁盘数据块进行覆写。如果我们在写入过程中出现由结点失效和网络失效引起的系统崩溃或磁盘掉电等故障，那么这就会导致数据丢失。这会造成文件数据不完整，更严重的是文件系统可能丢失指向重要数据的块指针。在数据重建的时候，文件系统必须查找脏块，从能够重新连接信息的地方开始重新连接。为此，我们需要检查整个文件系统，对于大规模文件系统的检查将会十分耗时。而且，这种扫描并不能恢复文件中不一致的数据。一大挑战就是如何提高超大规模存储系统的可用性，并且保证系统的高可用和高性能之间进行合理地折中。

事务的概念源自数据库系统，随后它被引入并行程序同步对共享资源的访问和文件系统等领域，从而出现了事务内存（transaction memory，简称 TM）。事务型文件系统旨在通过改变系统的动态特性提高文件系统的可用性。通过保证磁盘操作的原子性、一致性、隔离性和持久性，事务型文件系统能够在发生故障时确保磁盘上的数据处于一致的状态。目前，微软等公司和一些开源文件系统已经展开事务型文件系统的研究与应用。随着存储系统可用性问题日益突出，一个很有前途的研究方向就是将事务型存储管理引入高性能计算领域成为。

（五）存储介质多元化的研究内容

小粒度随机 I/O 访问是造成 I/O 瓶颈的一个重要原因。我们可以利用新型存储介质摆脱磁盘的机械特性限制，甚至从根本上免去数据查找时间和寻道时间。这可以为 I/O 性能优化提供最直接有效的途径。美国的"高端计算复兴之路"强调了对于新型存储机理的研究。一些新型非易失存储设备相继问世，其中固态盘（solid state disk，简称 SSD）最受关注。相关学者总结高性能计算（HPC）的五大趋势。他分析了固态盘的性能与功耗优势。除了固态盘之外，还有多种新型存储器件正处于不同的研究试验和商业化阶段。这些新型存储器件包括磁阻内存、非易失铁电随机存储器、纳米非易失随机存储器、微电子机械存储器件等，并且各具特色。美国加利福尼亚大学的相关研究人员认为："非易失性内存将逐步取代磁盘，并且成为主要的持久存储介质。"存储介质呈现多元化趋势。它促进了存储技术的研究与发展。相关人员为了充分发挥各种存储介质的优势，利用新型存储介质提高整体 I/O 性能。如此一来，混合存储技术成为一大研究热点。

（六）存储系统节能化的研究内容

随着功耗问题越来越严重，低功耗 I/O 技术也成为研究热点之一。基于操作系统的磁盘低功耗调度是重要的研究方向。相关研究人员研究了利用 I/O 设备提供的多种功耗模式，由操作系统根据系统运行特性在不同功耗模式间转换，进而节省能耗的技术。有的研究人员则提出通过操作系统调度方式集中磁盘访问，增加磁盘可转入低功耗状态的时间。除此之外，一些研究人员研究了基于磁盘的动态电压调节算法。有效分布数据、改善功耗管理是另一个研究方向。通过缓存和预取技术改善 I/O 系统功耗是一个重要的研究方向。相关研究人员采用有效缓存策略，减少了缓存失效，进而改善磁盘功耗。有的研究学者则研究了编译指导的数据预取，利用多速率磁盘的支持，通过在磁盘间有效交换数据达到能量节省的目的。一些相关学者研究了基于外部缓存的低功耗 I/O 方法，研究表明使用外部缓存方法可以达到节能的效果。除此之外，还有的研究人员使用并行 I/O 负载研究了缓存方法的能量有效性，发现多种因素影响了缓存方法的节能效果。

三、体系结构研究内容及相关工作

（一）存储一致性模型及协议实现技术的研究工作

作为计算机体系结构核心问题之一，存储一致性研究主要是围绕 CPU 与存储器之间的数据一致性展开的。I/O 设备与存储器的数据一致性问题则一直处于研究的边缘，将 Cache-Memory-I/O 作为统一的存储层次来研究数据一致性问题的工作则更少。目前针对 Cache-Memory 和 I/O 设备之间的数据一致性问题，相关学者通常采用的是一种简单低效、粗粒度、需要软件(操作系统)过度干预的解决办法。在访问 DMA 的过程中，处理器总是采用旁路高速缓存的读写操作。强制所有的 I/O 操作均经过处理器的高速缓存层次来保证一致性的做法严重阻碍了 I/O 性能的提高。SGI 公司的相关系列计算机率先将 DMA 操作融入到高速缓存一致性协议设计中。该公司用解决多处理器高速缓存一致性的技术来解决 I/O 一致性问题。为了支持 DMA 设备对存储器的读取，相关协议用"非高速缓存的读共享"请求向 DMA 设备返回数据副本的一个快照。但此后，协议不再保证该副本的一致性。针对 DMA 设备对存储器的写操作，协议提供了写作废请求。SGI 虽然解决了 Cache 一致性协议对 DMA 操作的支持问题，但是并没有发表涉及 DMA 操作的存储一致性模型的相关文章，而且系统对 DMA 操作的支持还停留在顺序一致性的框架之内。

威斯康辛大学的研究学者在存储一致性模型基础上提出了 I/O 体系结构的系统级框架。该系统级框架试图为 I/O 建立统一的一致性描述方法。它为处理器访存操作和 I/O 设备访存操作分别作了定义，并且在这些操作之上建立了偏序关系，提出了 I/O 的顺序一致性模型。同时，相关学者还提出了一种基于目录协议的实现方案。但是，该系统级框架没有为这种 I/O 一致性建立规范的数学描述，并且是分别从处理器和 I/O 设备独立构建偏序关系。因此，建立的 I/O 一致性与存储一致性相对独立，其后的各种一致性模型也是简单地将传统一致性模型与一组固定的 I/O 操作偏序相加。建立的模型更像是将处理器的存储一致性模型同 I/O 设备的一致性模型直连在一起，这并不是模型的融合。

（二）智能I/O控制技术的研究工作

机器学习通过对经验知识的学习来确定当前的操作行为或参数，能够很好地解决分类问题、回归问题和优化问题，在众多领域得到了广泛应用。为了改善存储性能，机器学习技术在存储系统建模、存储系统的智能控制、访存性能优化等方面引起研究者们的关注并取得一系列研究成果。在自治存储系统中，存储系统的性能建模至关重要。它能够快速高效地评估系统性能，为资源的分配决策奠定基础。机器学习是进行存储系统性能建模的重要技术。例如，自治磁盘阵列系统采用了简单的启发式规则方法确定资源的管理策略。一些研究者将性能建模问题描述为优化问题，结合组合优化方法和性能模型寻找好的资源分类策略。卡内基梅隆大学某位博士就研究了基于机器学习的存储设备性能建模。模型将 I/O 工作负载表示成向量的形式。存储设备的性能模型就是这些向量的函数，并且可用回归工具表示。该作者对各种机器学习方法在这一方面的应用进行详细的评估与分析，并且提出用"熵图"来刻画 I/O 工作负载的时空行为。在建模过程中，他将存储系统看作一个黑盒子。我们无需获得设备的内部信息，也无需进行人工干预。因为，它本身就具有很好的适应性。

在智能存储控制方面，一些研究人员分析发现传统的内存控制器无法获知控制决策对性能的长期影响，难以获得好的性能。为此，他们提出了基于强化学习的内存控制算法，通过观测环境状态的变化来评估控制决策对系统性能的长期影响来选择最优的控制策略。结果表明，该算法能够将多核环境下并行作业的内存实用带宽提高。也有的人研究了基于机器学习的磁盘调度策略，以便通过自动分析工作负载，自适应地改变调度策略和调优调度参数。他们提出了自学习的磁盘调度策略。这些策略包括变化感知的反馈学习策略、单请求学习策略和双层学习策略等。他们对这些策略进行性能测试。实验结果表明，双层学习策略具有最好的 I/O 性能。相关学者提出通过动态选择磁盘调度算法优化系统性能。目前虽然有很多智能磁盘调度方法，但是我们很难确定哪一种方法在各种负载情况下均能获得很好的性能。动态选择算法将已有的磁盘调度方法组织起来，根据系统负载的变化，采用启发式方法动态选择当前最优的磁盘调度策略。

有的研究团队用聚类算法来发现和 I/O 系统相关的错误。在他们的方法中，有些系统参数也被用来预测系统性能，例如磁盘的寻道时间和旋转时间等。相关研究人员在分布式系统或高端服务器环境下，根据工作负载的情况进行了研究。他们使用机器学习算法对硬件进行在线重新配置。机器学习方法通过对底层系统统计数据的学习，确定使用哪些配置将会得到更好的系统性能。他们手动运行系统命令获取统计数据，然后使用相关软件包提供的规则学习方法对数据进行分析。在智能化存储设备的研究方面，美国威斯康辛大学的某个项目在网络磁盘中增加了一些信息收集与处理模块来适应工作负载等情况的变化，实现自治的存储设备。该大学另一研究项目利用磁盘驱动器的处理能力进行文件系统分析，提取文件系统数据组织信息，以便对数据进行优化存放。相关人员通过有效的缓存和预取技术提高磁盘性能。目前，这方面的研究主要采用较为简单的数据分析方法。我们尚未见到使用某一具体机器学习方法的研究成果。从现状分析来看，目前存储领域的研究热点就是利用机器学习方法解决存储领域中若干技术难题。但是我们尚未见到将强化学习方法用于 RAID 智能 I/O 控制的相关研究成果。强化学习（reinforcement learning）是一种以环境反馈作为输入、自适应环境的、特殊的机器学习方法。相关学者将强化学习方法引入 RAID 控制器中，提出基于强化学习的 I/O 请求调度算法，以提高高性能计算机系统的整体 I/O 性能。

（三）事务型存储管理技术的研究工作

事务的概念源自数据库系统，它是由相关操作构成的一个完整的操作单元。在一个事务内，数据的修改一起提交或撤销。如果发生故障或系统错误，整个事务也会自动撤销。事务必须满足四个性质，即原子性、隔离性、一致性和持久性。数据库对事务处理的支持是数据库维护数据完整性、共享性和数据恢复的基础。布朗大学的某位教授将事务的概念引入并行程序同步对共享资源的访问，并且提出了事务编程模型。事务内存引起了广泛的关注，涌现出各具特色的事务内存原型系统。其中，这些各具特色的事务内存原型系统有完全由硬件实现的事务内存系统；也有完全由软件实现的事务内存系统；还有软硬件混合的事务内存系统。此外，Sun 公司也在处理器中加入了对事务内存的支持。

与此同时，人们也展开了事务型文件系统的研究。某家公司将事务的语义加入其嵌入式文件系统产品，开发出一种文件系统。该文件系统能够自动丢弃未完成的 I/O 事务，从而在苛刻的嵌入式应用环境中保证 Flash 存储介质的数据始终处于一致的状态。这样即使由于掉电或其他原因导致系统重启，该文件系统也能够迅速恢复数据，而且不需要对整个文件系统进行扫描。微软公司在其操作系统的文件系统中加入了对事务语义的支持。该支持能够显著提高系统及应用程序的稳定性，并且能显著减少用于错误处理的代码量。它还可以跟其他基于事务的技术结合使用，简化那些需要同时访问文件系统和数据库的应用开发。Sun 公司在其下一代文件系统中也支持事务语义。该文件系统采用了存储池虚拟化技术。文件系统级别的命令并不需要底层物理磁盘的概念。所有的高级交互均通过数据管理单元（data management unit，简称 DMU）进行。数据管理单元是一个与内存管理单元（memory management unit，简称 MMU）类似的概念。不同的是它只适用于磁盘。所有通过 DMU 提交的事务都是原子操作。因此，数据永远不会处于不一致状态，无需另外的操作。目前为止，国际上尚未在存储设备一级支持事务语义。文件系统一级支持事务语义开销较大，简单地将事务型文件系统应用于高性能计算领域不是行之有效的方法。

（四）电磁混合存储加速技术的研究工作

存储系统规模的不断扩大为高性能计算机系统的性能可扩展性和可靠性带来了双重挑战。很多科学计算负载特征研究表明一件事。在科学计算应用程序中，小粒度 I/O 请求很普遍。小粒度随机 I/O 访问是造成 I/O 瓶颈的一个重要原因。并行 I/O 技术卓有成效地优化了 I/O 性能，对大块连续数据能够提供较高的访问带宽。但是它对于访问延迟却难以控制，尤其对小粒度、随机分布的数据更是如此。固态盘（solid state disk，简称 SSD）摒弃传统磁介质，采用电子存储介质进行数据存储。它摆脱了磁介质硬盘的机械特性限制，减少甚至从根本上免去数据查找时间和寻道时间。固态盘延时为 us 级，随机访问性能比传统硬盘高一到两个数量级。它的本身能够对小粒度、随机 I/O 访问提供较好的支持。因此，研究利用固态盘改善 I/O 性能的技术途径、加速小粒度随机 I/O 性能具有十分重要的研究意义和应用价值。国际上已经开展电磁混合存储技术的研究。相关研究人员提出了某项技术。他们将这项技术迁移到作为共享 Cache 的 SSD 上，从而提高系统的响应速度。这项技术包括定位、迁移及替换。除此之外，他们采用了自适应算法以提高性能。定位过程确定备选的待迁移数据块。迁移过程负责选择网络路径将数据块在 SSD 与磁盘阵列间迁移。替换过程则负责选择访问频率最低的数据块作为移出 SSD 的候选块。某个研究团队也曾进行类似的研究。他们通过确定热点文件并将其转移到高性能 SSD 上，提高系统 I/O 访问速度。某些公司的中高端磁盘阵列采用 SSD 作为大容量 Cache 或 0 级存储。相关研究团队利用固态盘完成数据密集型工作或元数据服务。他们利用固态盘将元数据备份时间从 21 小时

40 分钟降低为 34 分钟。

除了上述固态盘相关的研究成果以外，很多利用其他新型存储介质加速存储的研究成果也相继出现。加利福尼亚大学圣克鲁斯分校的研究团队设想以研发中的磁性 RAM 作为持久存储介质，并且与磁盘构成混合存储系统加速元数据访问。很多相关研究利用微型机电系统（MEMS）存储器件改善存储系统性能。美国加州大学洛杉矶分校的研究团队就提出了可扩展分布式查询系统。他们认为："非易失性内存将逐步取代磁盘，并且成为主要的持久存储介质。"他们通过对文件系统负载的分析采用不同速度的存储设备，研究一种新的服务器端 Cache 方法，并且实现混合文件系统。相关学者将文件系统元数据、不大于 1MB 的文件、可执行文件，以及共享库都存放在非易失性 RAM 中。因为大部分文件操作发送给非易失性 RAM 设备处理，所以文件系统性能可以提高 43% ~ 97%。上述的研究成果主要致力于提高存储系统整体性能，未考虑如何改善系统的可用性问题。实际上，混合存储系统的管理复杂性增大了数据一致性的维护难度，可用性问题不容忽略。我们如果能够在电磁混合存储系统中增加对事务语义的支持，那么将获得系统性能和可靠性的双重提升。

第三节　集群计算机的体系结构

一、集群计算机的体系结构

集群计算机的体系结构包含两个方面，这两个方面就是硬件连接方式和软件层次结构。集群硬件环境由互联网络设备和集群节点构成。计算机节点可以是一个单处理器或多处理器系统，拥有内存、I/O 设备和操作系统。集群软件环境包括节点操作系统、集群中间件、并行编程环境和通信驱动软件。

（一）集群系统包括的一般结构

1. 集群节点连接方法

集群节点包括以下三种连接方式：第一，无共享集群。它的节点间通过 I/O 总线连接。这一类集群中每一个结点都是完整独立的操作系统和硬件设备的集合，结点之间通过局域网或者开关阵列以松耦合的方式连接起来，彼此分享结点的部分甚至全部可用资源。CPU、内存、磁盘等可以形成一个对外单一、强大的计算机系统。这类系统对外单一系统映像（single system image，简称SSI)的能力较弱，需要特殊的中间件或者相关扩展加以支持；第二，共享磁盘。它常用于注重可用性商用小规模机器，在节点失效时能由其他节点承担失效节点的工作。分布式文件系统正是这类体系结构的应用体现。常见的网络文件系统（network file system，简称NFS）等都属于这个范畴。分布式文件系统的硬件上的解决常常通过共享磁盘阵列或者存储区域网络（storage area network，简称SAN）来实现。该体系结构主要能够解决区域存储空间的容量问题，通过构造单一的、虚拟的文件系统，提供给整个集群一个巨大的存储设备。尤其在一些高可用的场合，共享磁盘阵列常常能够解决文件系统容错和数据一致等可靠性问题；第三，共享存储器。它的节点间通过存储总线连接。共享存储器是一种最快的进程间通信方式。对于多进程实时计算环境来说，共享存储器是一种必然的选择。从实现的难度上讲，不论是硬件制造的复杂性还是软件的实现难度，这种体系结构都大大超过其他几类体系结构的实现。实现这类体系结构的集群系统有分布式共享存储集群（DSM）、非统一内存访问架构（non uniform memory access architecture，简称NUMA）等技术。在这类体系结构中，我们可以将多个节点的计算资源集合在一起，形成一个内存空间一致的单一系统。

2.集群计算机的重要构成部件

集群计算机的重要构成部件包括以下几种：第一，多个高性能节点，如PC、工作站等；第二，基于层次结构或基于微内核的操作系统；第三，高性能互联网络例如，千兆位的以太网等；第四，快速通信协议和服务，例如主动消息或者快速消息；第五，集群中间层。它包括单一系统映像和系统可用性低层结构；第六，并行编程环境和工具，例如编译器、并行计算机等；第七，应用。应用包括串行应用和并行应用。在该体系结构中，网络接口硬件担当着通信处理器的任务，负责在节点间通过网络/开关传送和接收数据包。系统通信软件提供了快速而可靠的节点间和与外界数据通信的手段。集群中间件负责为独立但互连的计算机对外提供统一的系统映像和易用性。编程环境可以为开发应用程序提供可移植的、有效的和易用的工具。编程环境包括消息传递库、调试器和剖视器。

（二）典型例子的集群系统

下面我们介绍两种使用廉价部件开发超级计算机系统机器的项目。

1.使用廉价部件开发的工作站网络项目

加利福尼亚大学伯克利分校的工作站网络（network of workstations，简称 NOW）项目是用大量生产的商品化工作站和最先进的基于开关的商品化网络部件构造大型并行计算系统的典范。为将分散的工作站结合成单一的系统，NOW 项目包含了对网络接口硬件、快速通信协议、分布式文件系统、分布式调度和任务控制的研究和开发。

活动消息（AM）是 NOW 项目的基本通信原语，它是一个简化了的远程过程调用。AM 包括一套低延迟的并行通信原语，其具体内容包括伯克利套接字、快速套接字和消息传递接口（message passing interface，简称 MPI）等。全局层 Unix 是在用户层实现的多用户系统。它提供的功能包括透明的远程运行、交互式并行和串行作业支持、负载平衡和对现有二进制应用程序的向后兼容性。网络随机存储内存（random access memory，简称 RAM）项目所设计的系统是无服务器型的。任何一台机器在空闲时都可以是服务器，而当需要比自己的物理内存更多的内存时就是客户机。无服务器网络文件系统（XFS）试图将服务器的功能分布到客户机上，以达到低延迟、高带宽的文件系统访问。XFS 定位数据的功能用每个客户机响应文件子集的请求来实现分布。

2.使用廉价部件开发的 Beowulf 项目

Beowulf 指的是一堆 PC 机构成一个与 NOW 类似的 PC 集群。它着重于使用大量上市的商品化部件、专用处理器（而不是盗用空闲工作站的空间）和专用通信网络，目标是达到集群的最佳性价比。Beowulf 项目中的工具软件称为系统软件工具包，它用于资源管理和分布式应用程序。Beowulf 的处理器间通信通过集群内的以太网用传输控制 / 互联网实现，并且在探索中使用并行多以太网来满足内部数据传输带宽的需要。出于用户和应用程序对单一系统映像的要求，Beowulf 扩展了 Linux 内核，使节点松耦合成为可能，以达到多个全局名字空间。Beowulf 广泛应用于从浮点密集型计算到商用数据密集的 Web 服务器及数据库等领域。

（三）集群计算机的运用领域

目前，国内从事高性能集群系统研究与应用主要侧重于面向事务数据处理的通用集群计算系统。从计算机处理角度看，高性能集群并行计算系统的应用包括数据密集型和通信密集型应用，例如数据挖掘、Web 服务、数字图书馆、大规模事物处理。计算密集型应用包括大规模科学计算、计算机仿真、虚拟现实环境。从学科看，许多学科对高性能集群并行计算和虚拟现实系统有很大的需求。以工程设计为例，虽然工程设计包含大量的串行工程优化设计软件包，但是随着产品和系统复杂性的提高和市场竞争的压力，人们往往希望能通过虚拟的原型得到特殊产品或特殊系统的可接受的和优化的设计。除此之外，人们也希望计算能使人们对产品和系统的设计不仅仅局限在单点上，而是覆盖产品和系统的生命周期。集群并行计算技术在实时方面的应用比较少，主要集中在实时仿真和实时图象处理方面。在并行信号处理和控制方面，我国研究才刚刚起步。因为面向事务数据处理的通用集群计算系统没有解决集群计算机的实时性应用这一课题，所以它不适于响应时间和可用性要求更高的复杂仿真以及军事指挥控制等方面的任务。故此，进行高性能实时集群计算机系统的关键技术及其应用的研究将为多源信息处理和控制系统开拓一个新的有发展前景的方向，对学科发展具有重要意义。总的来说，高性能集群并行计算系统的应用领域主要包括航空航天、军事指挥控制系统、核实验、生命科学、人工智能、计算数学、天气预报、大规模工程优化设计和分析、网络系统仿真、地理信息系统等。

二、实时集群计算机的体系结构

实时集群计算机有别于一般的事务处理和科学计算集群系统，它除了要发挥一般集群系统的并行计算能力外，还需要足够快的系统反应时间。

（一）实时集群计算机系统功能概述

因为我们所研究的实时集群系统应用于某军事指挥控制系统，所以这就要求该系统不但要发挥一般集群系统的并行计算的能力，还要有足够快的系统反应时间来满足苛刻的时间要求。集群计算机由管理员控制台、通信服务器、数据库服务器、计算节点及交换、互连网络设备组成。作为系统控制中心，管理员控制台负责集群系统各单元的节点信息收集、共享负载任务调度和集群管理的人机交互。通信服务器负责接收来自测量设备的原始数据。数据库服务器负责记录解算出的结果数据。计算节点则根据管理员控制台发来的任务处理信息，完成数据处理。

通信服务器通过串行通信卡接收测量信息来对信息进行预处理并封装成一定的格式信息。通信服务器在每个周期把格式信息以广播的方式传送给集群计算机中的各个计算节点及数据库服务器(存储后备方案预演),同时把按某种方式统计的原始数据信息发送至控制中心。控制中心驻留的负载平衡软件根据各个计算节点的资源使用、负载情况动态产生任务分配表并广播给各计算节点。各个计算节点的控制进程在接收到格式数据、任务分配表后,把它们写入共享内存以备计算进程使用。计算进程读取任务分配表,确定由其处理的数据、处理方式、结果去向等。在计算节点中,我们要对数据进行合理性检验、平滑滤波等解算处理。在处理完数据后,各计算节点向负载平衡软件报告任务完成情况,并且将解算结果送至数据库服务器。数据库服务器一方面把解算结果实时送至指挥显示终端区,作为指挥控制的决策信息;另一方面存储这些数据以备事后重演。从通信服务器接收到测量数据到集群内所有节点协同完成数据解算这一过程属于集群并行计算的范畴。整个集群系统的工作如同一台高性能的大型计算机,数据从输入通道进入计算机系统,处理完成后结果从输出通道输出。

(二)硬件结构的构成

实时集群系统的基本硬件是由控制节点、数据库节点、若干个计算节点和通信节点组成的。各节点机通过千兆光纤网络互连交换和传输数据。在实时集群系统中,集群节点通过千兆以太网交换机互连构成。在估计指控集群计算机系统网络数据流量时,我们以64台测量设备考虑,每个信息的帧长度为25B,每秒50帧全双工,那么原始信息量为:$64 \times 25 \times 50 \times 2=160KB/S$。每一个数据处理周期原始信息量为:160KB/50=3.2KB。中间计算结果交换、控制信息和网络管理信息的数据量为原始信息的100倍。集群系统各单元间交换数据量不大于16MB/s(16MB/s=128Mbps,其中Mbps=Mbit/s,也叫做兆比特每秒)。集群系统单元间的互联网络带宽是1Gbps,远高于128Mbps。同时,合理的计算单元任务分配能够明显地减少节点间数据、消息流量。因此,千兆以太网集群互连能够满足实时数据传输的需求。当然,合理的网络拓扑结构、高性能网络交换设备和分系统间的路由/防火墙无论对提高网络效率还是保证系统安全都是有必要的。

为避免集群单元硬件资源的消耗和易于管理,除控制节点外,集群各节点均为无头服务器。作为系统控制中心,控制节点负责完成整个集群系统的控制,收集各个节点机的资源状况。它可以按照负载均衡策略对实时任务进行动态分配,并且监控实时集群系统各个计算节点的任务负载。计算节点主要完成控制节点分配给相关计算节点的实时任务，实现集群计算机的并行处理。数据库节点汇集各个计算节点的实时任务处理结果，并且进行后处理。通信节点负责完成外部多种实时任务的采集，进行预处理并转发给计算节点。

（三）软件体系结构的构成

一个实用的集群计算机系统应有一个高效的软件环境。实时集群计算机系统软件结构包括操作系统、通信协议、单一系统映像以及并行程序设计环境与工具等。

1. 选择软件的平台

（1）选择操作系统

集群软件系统建立在网络操作系统之上。操作系统的性能将直接影响集群软件系统的性能。Linux 操作系统有许多特性适合于开发集群环境，例如，Linux 的进程调度方式简单而有效。对于用户进程，Linux 采用动态优先级的调度方式。对内核中的例程（如设备驱动程序、中断服务程序等）它则采用软中断机制。这种机制保证了内核的高效运行。Linux 支持内核线程。内核线程是在后台运行而又无须终端或登录"壳"（shell 可以为使用者提供操作界面的软件）和它结合在一起的进程。Linux 的模块机制使得内核保持独立而又易于扩充。模块机制使内核容易添加或卸载模块，而无须重新编译内核。因此，除集群通信服务器节点外，其他通信服务器都采用了中软 Linux 作为平台。

（2）运用的主要工具

QT 图形开发包用于开发各种图形界面的用户管理工具，如集群系统监控界面、负载平衡显示界面等。Solaris 开发包用于开发通信服务器中数据采集程序。Oracles 数据库用作数据库服务器中的数据管理系统。

2. 并行计算模型的建立

并行计算模型是对集群计算在语义上的抽象描述。在实时集群系统中，我们采用的是整体同步并行计算模型（bulk synchronous parallelism，简称 BSP）。它是由 Valiant 提出的一种"块"同步并行计算模型。BSP 支持消息传递系统，块内异步并行，块间显示同步。与其他并行模型相比，BSP 的特点在于能够适应多种并行计算结构，有明显的实现意义而获得广泛的应用。BSP 高度结构化的特征使得 BSP 程序能够预测全局通信。这是其他模型大都不具备的。因为，BSP 全局地处理通信过程，统一地分布进程。如此一来，我们能够通过通信进程间相互影响的关系估计出总的通信时间开销。在一个具体通信阶段中，每个处理器可以向其他处理器发送一组消息，也可以接收其他处理器发送来的消息。我们假设一个处理器发送或者接收的消息条数最多为 h，这个消息构成的集合称之为 h 关系。h 关系的发送时间可以用一个结构参数 g 来表示。直观而言，g 反映网络连续传递消息的能力。如果所有消息长度为一个字，那么 h 关系发送时间为 hg。为了便于不同硬件体系结构之间的比较，g 的单位通常是处理器执行一条指令的时间。

BSP 的第二个参数表示路障同步的代价。在路障处，每个进程能够达到一个特定状态，并且能够确定其他进程也达到了这个状态。同参数 g 的单位定义一样，它的单位也是处理器指令执行时间。利用 BSP 这两个参数，我们可以用下面的方法计算出在特定结构上运行一个 BSP 程序的代价。在系统中，超级步在不同的节点中有不同的内容，并且完成时间不能超过两时统信号的间隔。在每一超级步内，集群各节点都要完成本节点信息收集并向控制中心发出心跳信号。除此之外，控制节点要收集集群各节点资源使用和负载情况、统计数据通道信息、完成任务分配。通信服务器要接收测量数据、向控制中心注册数据通道信息并向计算中心广播原始数据，数据库服务器汇总各种数据并广播到指挥显示中心。计算中心要接收原始数据、任务分配表、完成计算任务、向控制中心汇报计算情况、向数据库服务器输出计算结果。

3. 软件系统的组成

（1）软件系统具备的主要模块

实时集群系统除了要发挥一般集群系统的并行计算能力外，还需要足够快的系统反应时间。因此，现有的事务处理和科学计算集群控制软件就不能照搬到实时集群系统。实时集群控制软件需要专门开发，应用软件也需要根据系统硬件环境来开发。实时集群软件系统由一些相互紧密联系的功能模块组成。消息传递系统是其他模块之间交流信息的手段。系统监控模块协调各模块之间有秩序地工作。数据处理模块的任务由负载平衡模块动态分配。实时集群系统主要软件模块功能描述如下：

第一，消息传递系统，该系统是由网络消息和本地消息两部分组成。网络消息完成节点间的控制信息、数据的交换。本地消息完成节点内不同进程间的通信。由于套接字（socket）具有更低级、更快速的优点。网络消息的实现采用了"伯克利套接字"网际编程技术。这也是实时系统要求低延迟所必需的。socket技术的协议基础是传输控制/互联网协议簇传输层的传输控制协议（transmission control protocol，简称TCP）和用户数据报协议（user datagram protocol，简称UDP）。在集群单个节点内一般存在多个进程，这些进程协同完成控制、信息收集或计算等功能。因此，进程间需要进行通信。这就是所谓的数据交换。

第二，网络通信。它驻留在每一个控制台和计算节点中。在集群内部各计算节点之间、集群和控制台之间，网络通信通过高速网络设备传输控制信息、任务分配表、原始任务数据、中间处理结果、输出解算结果等信息和数据。对实时集群系统来说，网络通信的反应时间（Latency）是一个很重要的技术指标。在某个数据处理进程工作过程中，我们有可能需要集群中其他计算节点的中间计算结果。然后，网络通信软件根据任务分配表查找出所需要的数据在哪个节点，随后再向该节点发出请求。在实时集群系统中，重发的网络数据可能已经过时。所以，网络通信采用UDP传输方式来保证数据的实时性。

第三，系统监控。它驻留在每一个控制台和计算节点中。驻留在集群计算节点中的系统监控软件动态地收集本节点的硬件、操作系统、应用软件、网络通信等工作状态信息，通过网络通信程序报告给系统监控程序。驻留在控制台的系统监控程序收集所有集群计算节点的硬件和软件工作状态信息。在显示给控制员的同时，它将该信息提交给驻留在控制台的集群负载平衡软件，并且作为负载平衡根据之一。系统监控模块的主要功能如下：一方面，识别节点身份。为便于集群软件的安装和管理，各节点中驻留完全相同的软件。各节点的功能属性被定义在一个系统配置文件中（属于集群软件的一部分）。这种定义由各节点的IP地址来区分。例如，某节点的IP地址是192.192.73.99。控制进程首先获取本机IP地址，然后分析系统配置文件，在其中寻找与地址192.192.73.99对应的属性。随后，它启动相应的进程来完成特定的功能。它如果未能找到，那么则报告节点是非集群节点；另一方面，收集节点系统信息。系统信息包括处理器、内存使用情况、系统软件工作情况、节点网络消息流量等信息。这些信息发送至控制中心，在那里绘制系统统一资源映像，为系统管理提供依据。

第四，负载平衡。对于关键应用场所的实时集群系统而言，我们要发挥集群系统特有的高可用性并保证关键场所实时数据处理连续不间断地进行，快速实时集群系统监控和负载迁移机制的做法是必须的。当实时集群系统中某个计算节点失效或过载的时候，集群系统监控软件能够在规定时间内检测出集群系统的异常节点，并且会将此消息传递给集群负载平衡软件。负载平衡软件则在规定时间内将异常节点的数据处理任务移交给其他可用节点来完成。在启动之后，集群系统中各计算节点驻留完全相同的应用程序。而应用程序由多个功能模块构成。在应用程序运行过程中，各功能模块是否执行操作、操作时处理哪些数据、处理的结果送到哪里、程序在当前运行周期里完成了哪些操作等内容都由任务分配表定义和反映的。负载平衡软件根据系统中各个计算节点的状态信息以及控制员的人工干预命令调整任务分配表，并且将任务分配表通过网络通信广播至各计算节点。实时集群中的应用程序根据任务分配表来确定在每一个计算节点中要处理哪些数据，并且返回任务完成情况。任务分配表由负载平衡软件建立，根据系统软硬件工作状态和控制员人工干预命令来调整。

第五，数据处理。数据处理软件是实现应用目标的核心。为便于管理且确保系统实时性，数据处理软件采用单一映象、N 倍驻留于各个集群计算单元。N 取决于每个计算单元中处理器的数目。在获得原始数据后，数据处理软件立即读取由负载平衡软件建立和管理的任务分配表来确定要处理的数据量、处理方式、结果去向等。在处理完规定的数据之后，数据处理软件向负载平衡软件报告任务完成情况。负载平衡软件由此判断各计算单元应用程序的工作状态，并且做出必要的任务迁移和调整。

（2）软件拥有的布局

作为高性能计算系统，集群必须提供"单一系统映像"功能。在应用中，实时集群系统中各节点驻留相同的系统应用软件具有"单一系统映像"功能。各节点首先读取集群系统配置文件，通过与本机静态 IP 地址相比较，判读出节点属性。然后，各节点转去执行不同的功能软件模块。在实时集群计算机系统中，各个集群节点均驻留有集群控制进程、集群节点信息收集进程和集群系统配置文件。其余的驻留软件就是每一个集群节点主要功能的体现。各个集群节点驻留有不同的软件模块。计算节点包括操作系统、节点控制进程、节点信息收集守护进程、集群系统配置文件、任务数据计算守护进程。控制节点包括操作系统、人机交互界面、节点控制进程、节点信息收集守护进程、集群系统配置文件、任务负载调度进程。数据库节点包括操作系统、节点控制进程、节点信息收集守护进程、集群系统配置文件、数据汇集 / 转发进程。计算节点包括操作系统、节点控制进程、节点信息收集守护进程、集群系统配置文件、数据广播进程。

集群节点控制进程决定每一个集群节点的行为及动作。控制进程在时统信号的驱动下工作是实现实时集群计算机单一系统映像的主要进程。集群节点信息收集守护进程在每一个时统周期内动态地收集节点的工作状态信息，通过网络通信程序报告给控制节点的系统监控程序。集群系统配置文件决定每一个集群节点的角色及行为。人机交互界面运行在集群控制节点上，显示集群各节点的状态信息，并且向其他节点发布控制命令。它是实时集群计算机单一系统映像的主要体现，屏蔽了其他集群节点的存在。任务数据处理守护进程运行于计算节点上。两个互为镜像的计算守护进程常驻内存，主要完成集群实时任务数据的并行计算。数据广播进程运行于通信节点，负责发布原始计算数据给各个集群节点。数据汇集 / 转发进程运行于数据库节点，收集最终计算结果供 Web 服务器调用。

（四）实时集群计算机的特征

实时集群计算机具有以下几点特征：第一，系统可用性。实时集群系统可在正常工作的情况下处理失效计算单元的软件或硬件故障。在合理的集群控制、负载分配软件的管理下，实时集群计算机能够在几个毫秒的时间内完成故障节点的判断和任务迁移。它具有集中结构相关计算机系统无法比拟的高可用性；第二，基于任务分配表的动态负载平衡机制极大地简化了集群并行计算程序的开发和调试，有效地解决了任务分配、消息传递、任务迁移等关键技术的实时性；第三，集群各节点驻留相同的系统软件通过本机静态 IP 地址判读节点属性，很好地解决了单一入口点、单一文件层次、单点管理和控制等技术难点，具有单一系统映像功能；第四，可扩展性。集群的计算能力随节点增多而增加。因为它是松耦合的结构，所以集群能扩展至几百个节点。而对于对称多处理结构来讲，它要超过几十个结点就非常困难；第五，可用性和实时性。实时集群系统具有较高的可用性和实时性，适用于周期性、高强度、浮点多源信息处理系统。它可用于复杂仿真、军事指挥控制、卫星测控、民用航空指挥控制和大型工业控制过程等实时性要求较高的领域，例如空军指挥所指挥控制系统、武器仿真系统、飞行器模拟训练系统等。

第六章　模拟仿真计算机体系结构的研究

第一节　计算机体系结构模拟的相关概念和系统

一、计算机体系结构模拟的定义

计算机体系结构模拟经过几十年的发展，不仅产生了许多不同的模拟方法和技术，而且也创造了许多概念。其中，一些概念尽管被人们在各种场合广泛使用，但内涵并不清楚。这容易混淆，并且不利于学术交流。计算机体系结构模拟是使用软件方法来模拟某种体系结构计算机系统的计算过程，它的目标是对未来计算机体系结构的功能或性能进行预测和分析。它的重点是研究计算机执行计算任务的过程。在计算机领域中，模拟（simulation）的概念容易与仿真（emulation）混淆。就计算机体系结构研究而言，我们通常认为仿真是使用软件或硬件原型的方法来模仿某种体系结构计算机的计算结果。它的目标是在另一平台上重现一个已有计算机系统的功能，其重点是确保某个计算任务在另一平台上得到与原系统一样的计算结果。计算任务执行的过程不是主要的关注目标。一般来说，计算机体系结构模拟包含了部分计算机体系结构仿真。在体系结构模拟中，我们首先要确保输出结果的正确性。在此基础上，我们才能研究得到输出结果的过程。

进一步说，模拟按照其关注的侧重点不同又包括功能模拟（functional simulation）和性能模拟（performance simulation）。功能模拟通常只侧重于模拟的正确性，而忽略性能因素。性能模拟则要求能够获得性能统计量。性能模拟通常在功能模拟的基础上生成。例如在模拟一个程序在计算机系统上的执行时，我们如果仅仅关注程序计算结果，则采用功能模拟便可。我们不必考虑影响程序性能的微体系结构部件，例如分支预测器等，但是对于处理器、内存等体系结构部件的功能建模则是必须的。我们如果同时关注程序的计算机单个指令运行时间

(cycles per instruction，简称 CPI）等指标，则需要再对上述微体系结构部件建立模拟模型。正因为如此，通常功能模拟的执行速度远快于性能模拟。研究人员常常利用功能模拟快速推进（Fast-Forward）程序的一部分，重点对自己感兴趣的程序片段进行性能模拟。体系结构性能模拟的目标是在特定宿主机平台上配置、运行模拟器软件，预测给定体系结构配置下目标应用程序在目标机器上的执行性能。这里对目标机、宿主机、目标程序的概念定义如下：

目标机（target machine）又称为目标体系结构、目标平台等，它指的是模拟器所要模拟的目标系统。它可以是计算机系统部件如处理器、内存等，也可以为整个计算机系统甚至多处理器系统、大规模并行系统等。宿主机（host machine）指的是运行体系结构模拟器的计算平台，它包括软硬件环境等。因为模拟器实现不同，所以宿主机平台可以为串行计算机系统或者并行计算机系统。目标程序（target program）指的是需要进行性能预测和分析的程序。

二、体系结构模拟器软件系统相关内容

体系结构模拟技术的实现表现就是体系结构模拟器软件系统。计算机系统本身是个非常复杂的系统。采用软件模拟其各方面的行为特征非常困难，这导致体系结构模拟器的实现不仅工作量大，同时开发难度也大。尽管体系结构本身已经是对计算机系统在结构层次上的简化，但是体系结构层次上的计算机系统依然很复杂。通常情况下，模拟器在实现时必须在模拟模型中对目标系统再次进行简化、按层次进行抽象。而不同的模拟器实现方式又会影响用户对模拟器的使用方式、模拟精度、效率等。当前，工业界和学术界已经开发了大量不同特点的模拟器产品和原型系统。这些模拟器实现主要包括踪迹驱动（trace-driven）和执行驱动（execution-driven）两种方式。

（一）踪迹驱动模拟器实现方式

踪迹驱动模拟器最初多用于模拟高速缓存（cache）和主存的访问特性，经常被用来研究其中的页面置换算法和高速缓存管理算法等。踪迹记录了相关程序执行过程中发生的事件或操作，通常以一定格式存储在磁盘文件中供后续模拟使用。根据模拟的目标，踪迹可以包括各种信息，例如程序执行的指令序列及指令地址、访存地址序列、通信事件发生的时刻与数量、通信的对象等。以处理器体系结构模拟为例，踪迹驱动模拟将每条指令顺序执行所产生的信息作为模拟器的

输入，从而来模拟某种体系结构处理器的功能和性能。首先，我们要模拟执行的程序负载、在踪迹信息生成环境中执行。所发生的事件记录下来即为踪迹信息。这个阶段称为踪迹生成（trace generation）。

踪迹驱动模拟的优点是灵活简单、容易理解和实现，同时也容易进行调试。因为我们使用同一踪迹信息在不同的模拟执行中模拟器的输入输出数据不会变化，因此实验数据可以重现。踪迹驱动模拟无需在模拟器上执行真实应用，它尤其适合于对计算机系统的单个部件进行细致模拟，例如踪迹驱动的缓存模拟器等。踪迹驱动模拟的缺点是踪迹文件的存储、加载所需的空间、时间开销较大且仅记录了应用实际执行的路径，无法反映推断执行等特征。例如在有程序分支预测的情况下，我们不能表示真实的处理器指令流。目前，研究人员已提出了踪迹信息抽样（trace sampling）、踪迹信息压缩（trace compression）等方法来减小踪迹文件。与此同时，相关人员利用重建错误分支预测路径的办法更好地捕获推断执行踪迹。

（二）执行驱动模拟器实现方式

执行驱动又可分为解释执行和直接执行两种方式。在解释执行模拟中，程序的所有可执行指令由软件模拟器解释后执行。直接执行驱动模拟依赖于在宿主机上实际运行的一部分代码，而在软件模拟器上运行另一部分代码。因为直接执行模拟只模拟了研究人员感兴趣的部分指令，其他指令直接在宿主机硬件上加速执行，因此要求宿主机的指令集和目标体系结构的指令集一致。在实现上，直接执行模拟通常需要在应用程序中感兴趣的位置进行代码插桩（instrumentation）。例如对于一个内存管理系统模拟器，我们如果只模拟内存访问，则只需在应用程序中进行内存访问时调用模拟器代码。最终的应用程序将在宿主机和模拟器上交替执行。与跟踪驱动模拟相比，执行驱动更加接近于计算机硬件运行程序的真实情况。因为执行驱动模拟可以模拟动态指令的生成和分支预测等，所以它更接近程序真实执行过程。由于使用软件的方法生成动态指令，故此，执行驱动模拟的缺点是开发难度大、执行速度更慢。

在设计的时候，体系结构模拟器有三个需要重点考虑的目标，即速度、精度和灵活性。速度指模拟器执行模拟任务的快慢，通常用模拟器上执行应用和在宿主机上执行相同应用的时间比来表示。这个时间比通常称为减速比（slowdown）。精度指模拟器模拟出的目标系统和实际系统的接近程度。我们可以采用模拟获得的性能指标与真实测试值偏离的百分比来表示。灵活性是一个功能性指标，它主要指模拟器通过配置、修改源码等方式来模拟不同体系结构设计的方便程度等。理想的体系结构模拟器要求执行速度快、模拟精度高且灵活、可配置，但实际上速度、精度和灵活性这三者存在相互制约的关系，难以同时兼得。

通常来说，抽象程度越高、模拟的速度就越快，但模拟的精度也越差。增加模拟精度则增大了模拟负载的结果也会带来模拟速度的下降，并且由于模拟的粒度变细，灵活性也会受到影响。因此根据不同的需要，模拟器在设计实现时对这三个目标的考虑往往有所侧重。一般来说在系统设计初期，我们对模拟器的灵活性要求较高，而精度要求较低。在系统的后期设计开发过程中，我们对模拟器精度的要求逐渐提高，而对灵活性的要求则逐渐降低。相对而言，模拟器的速度则贯穿整个设计开发的始末，也是制约模拟器使用的最重要的因素。以时钟精确的体系结构模拟器为例，它的执行速度通常比真实硬件机器慢4到5个数量级。研究人员通常难以在可接受的时间内模拟执行测试程序且集中所有程序的指令。为此，研究人员提出了很多加速体系结构模拟的技术。我们将加速模拟技术概括为两类：一类是以统计理论为基础的抽样模拟（sample simulation）技术。它的核心思想是减少体系结构模拟器详细模拟执行的总指令数；另一类是体系结构并行模拟（parallel simulation）技术。它的核心思想是实现并行版本的模拟器（即并行模拟器），利用并行宿主机的强大计算、存储等资源减少模拟执行时间。

并行技术是加速大型复杂计算问题求解过程的有效途径。在体系结构模拟中，我们通常将计算机系统建模为一个由各种具有离散状态的部件构成的系统。也就是说，体系结构模拟可以看作为离散事件仿真（discrete event simulation，简称 DES）。因此，很多体系结构并行模拟器也是基于并行离散事件仿真（parallel discrete event simulation，简称 PDES）技术实现的。体系结构并行模拟器可以看作是 PDES 技术在计算机体系结构模拟领域的具体应用。在 PDES 中，逻辑进程（logical process，简称 LP）和物理进程（physical process，简称 PP）是两个重要的基本概念。在目标并行程序中，每个进程的执行过程由并行模拟中的一个逻辑进程 LP 表示，又称为目标进程。通常情况下，每个进程运行在一个处理器或处理器核上。因此，在一些模拟器中，LP 又被叫做目标处理器（target processor）、虚拟处理器（virtual processor）或虚拟进程（virtual process）。在宿主机平台看来，并行模拟器本身也是一个并行程序，它的每个并行进程称为物理进程或者模拟进程

（simulating process）。通常情况下，每个模拟进程运行在宿主机平台的一个物理运算单元（physical element）上。因此在很多文献中，物理进程被称为 PE。为了统一起见，我们也采用缩写 PE 指物理进程。

三、模拟技术发展下出现的体系结构模拟器

（一）总述

随着体系结构模拟技术的发展，越来越多的模拟器出现了。很多综述性的体系结构模拟文献都尝试对模拟器进行分类，但由于考虑的角度不同，全面系统的分类比较困难。不同类别之间难免出现交叉。有的学者试图在此对模拟器进行一个分类。这里对此进行简单整理，仅供相关研究人员参考。

根据目标系统的类型，我们可以将模拟器分为部件模拟器和系统模拟器。例如，SimpleScalar 是一个主要模拟处理器体系结构的模拟器工具集。它提供用于模拟 CPU、缓存、存储器分层体系等计算机体系结构的工具集。根据模拟目标的不同，它又可以分为功能模拟、性能模拟、功耗模拟、发热模拟等。例如，SimpleScalar 工具集中既包括功能模拟器也包括详细的性能模拟器。根据模拟的范围是否包括最终的应用程序、操作系统和 I/O 设备，它可以分为用户态模拟和全系统模拟。用户态模拟不包括对操作系统的模拟。全系统模拟包括对操作系统行为的模拟，其开发难度更大。根据模拟器的执行模式，它则可以分为串行执行模拟器和并行执行模拟器。当前，大部分的体系结构模拟器实现为串行程序，但也有一部分模拟器支持并行运行。它本身可以看作为一个共享存储或消息传递并行程序，运行在并行宿主机平台上。并行模拟器的例子有很多。这类模拟器通常以在模拟中需要庞大计算和存储开销的并行系统（例如多处理器系统等）为目标。根据模拟器的实现方式，它又可以分为踪迹驱动器和执行驱动模拟器。下面我们从部件体系结构模拟器、多处理器系统模拟器和大规模并行系统模拟器三个方面分别详细介绍一些代表性模拟器软件系统。

（二）作为代表性的部件体系结构模拟器

有很多的以处理器、主存、磁盘、Cache、网络等计算机系统中部件体系结构为目标的模拟器，这里仅就相关研究涉及的处理器体系结构模拟器及其实现作简要介绍。当前，时钟精确级模拟是处理器体系结构模拟领域的事实标准，这其中的典型代表便是 SimpleScalar。在设计时，SimpleScalar 采用了层次式软件体系

结构。由下向上，第1层是 SimpleScalar 抽象出的硬件模型，如取指令器、流水线、分支预测器、高速缓存等。第2层是模拟内核，它主要提供事件模拟服务。第3层主要提供目标指令集体系结构和目标 I/O 接口。最上一层提供的是对相关程序库的支持。SimpleScalar 源码开放，有专门的维护网站。处理器体系结构模拟技术相对较为成熟。各处理器生产厂商都有专门的处理器模拟软件并已用于处理器产品的设计、开发中。在学术界，SimpleScalar 是广泛应用的处理器体系结构模拟器。除此之外，很多模拟器或其处理器模拟模块也基于 SimpleScalar 实现。

（三）作为代表性的大规模并行系统模拟器

由于模拟开销巨大，以大规模并行机（massively parallel processor，简称 MPP）和集群等为代表的大规模目标并行系统通常不采用指令级模拟，而是采用所谓的应用级（application-level）模拟。模拟器代码通过编译、链接等方式嵌入到应用代码中，应用运行方式不变，对体系结构部件的模拟由模拟器代码捕获后进行处理。BigSim 是此类模拟器的典型代表。BigSim 的目标系统是一个具有三维结点拓扑结构的消息传递机器。在 BigSim 结点功能模型中，每个结点包含若干通信线程和计算线程。结点间的消息交互通过消息输入、输出缓冲实现，通信线程负责将消息调度到目标计算线程，计算线程对消息进行处理并执行目标应用代码。用户可以配置每维的结点数及每个结点内部包含的计算线程和通信线程数。BigSim 支持多种互联网络模型。对于相关网络，BigSim 同时提供了简单的基于延迟带宽模型的性能模拟和基于详细竞争模型的网络模拟。BigSim 仿真了相关机器的底层应用程序编程接口（API）。用户可以直接采用这些 API 编写相关应用程序在 BigSim 上模拟运行。BigSim 支持对 MPI 消息传递应用的模拟。其他的以大规模并行机器为目标的模拟器均是并行的，它们以直接执行方式提高模拟效率。应用中的计算代码在本地宿主机平台上直接运行，消息通信代码由模拟器实现。

四、体系结构模拟面对的性能问题

如前所述，体系结构模拟器设计、实现时需要在速度、精度和灵活性这三个目标之间进行权衡。灵活性是个功能性指标。通常情况下，模拟器开发人员尽可能地考虑采用层次化、模块化设计等方法增强其灵活性。近年来，一些可配置的模拟框架相继出现。它们可以提供标准构件库，支持以"搭积木"的方式生成新的模拟器。模拟精度受两方面影响，其内容为模拟模型是否与真实系统相匹配以及模型的输入数据是否真实。对于已有系统，我们可以通过和实际系统运行结果对比考察模拟精度。但是模拟器更多模拟的是不存在的未来系统。因此，我们无法对模拟精度进行直接验证。模拟器的绝对误差是无法避免的。模拟器主要用来对各种设计方案进行比较。只要模拟结果和真实系统的偏差是稳定的，那么同一个模拟器对不同系统配置的模拟结果的相对值仍旧可以相对真实地反映这些目标系统配置性能上的差异。

相对于灵活性和精度，模拟器速度问题的解决更加迫切。不仅因为单次模拟运行的执行速度很慢，更重要的是体系结构模拟是一个重复迭代的试验过程。通常情况下，研究人员通过在模拟器上运行具有不同负载特征的相关程序来评估各种体系结构配置下的系统性能。每种配置对应系统体系结构设计空间中的一点。研究人员提出新的体系结构设计，修改或配置模拟器并运行相关程序对其进行性能模拟。通过不断重复上述过程，研究人员可以基于体系结构模拟器完成对体系结构设计空间的探索。通常情况下，其中一个体系结构配置作为基准配置（baseline configuration）。研究人员在其基础上不断提出新的体系结构改进（enhancement configuration）并模拟评估其相对于基准配置的性能。例如以处理器中的 Cache 微体系结构设计为例，研究人员可以设定一个基准配置，随后通过不断改变 Cache 大小、相联度、替换算法等参数提出新的配置并进行模拟评估。在比较不同体系结构配置的时候，我们通常需要一个性能指标。这与模拟器所实现的性能模拟模型有关。例如对于时钟精确级的性能模拟，我们可以采用程序的每周期完成的指令数（instructions per cycle，简称 IPC）作为比较指标。对于大规模并行系统的系统级性能模拟，我们可以采用目标程序的执行时间作为比较指标。在上述使用模式下，如果体系结构模拟开销太大，那么研究人员将不得不放弃对整个设计空间的探索。如此一来，研究人员只能仅仅依据经验选择部分设计方案进行模拟评估。

第二节 大规模类脑模拟仿真计算机体系的研究

一、仿真的一般过程

仿真过程的三个主要活动是"系统建模""仿真建模""仿真实验"。联系这些活动的要素是"系统""模型""计算机"。其中，系统是研究的对象。模型是系统的抽象。仿真是通过对模型进行实验来达到研究的目的。我们要对一个系统或对象实施计算机仿真首先必须把握系统的基本特征。我们要抓住主要的因素；引入必要的参量；提出合理的假设；进行科学的抽象；分析各参量间的相互关系；选择恰当的数学工具。除此之外，我们要在此基础上建立相应的数学模型。仿真建模的过程是在已有的一些先验知识的基础上试探地写出研究对象所满足的或近似满足的数学规律。它再结合实际的研究目的，并且对猜测性的数学关系进行反复修改和优化。最后，它会得到既符合客观实际又易于在计算机上实现的数学模型。

二、仿真技术的运用与发展

虽然仿真技术来自于军事领域，但是它不仅用于军事领域。在许多非军事领域当中，它也得到了广泛的应用，例如在军事领域中的训练仿真；商业领域中的商业活动预测、决策、规划、评估；工业领域中的工业系统规划、研制、评估及模拟训练；农业领域中的农业系统规划、研制、评估、灾情预报、环境保护；在交通领域中的驾驶模拟训练和交通管理中的应用；医学领域中的临床诊断及医用图像识别等。在现代信息技术的高速发展的背景下，仿真技术也得到了飞速的发展。在军用和民用领域中，更深更广的应用也促进了仿真技术的进步。作为仿真技术发展的最新成果，分布仿真技术在国民经济建设和国防建设中发挥了更大的作用。目前，国际上许多国家在"仿真是迄今为止最有效的综合集成方法和推动科技进步的战略性技术"这一观点上已达成了共识。21世纪仿真技术的研究与应用将取得更大的发展。

三、大规模类脑模拟仿真计算机体系研究情况

在长期的自然选择和生物进化过程中，人类大脑形成了强大的思维能力与绝佳的智能感知。对所有事情均"举一反三、融会贯通"的人类大脑可轻松地应对各类型的问题，诸如听觉、嗅觉、视觉、推理和决策等。而这些"轻而易举"的能力却是现代计算机仍无法比肩的地方，亦是现代计算机在努力实现的地方。通过借鉴生物大脑（特别是人类大脑）的机理，开展通用智能的类脑计算研究就是当前构筑通用智能系统的首选路径。可以想象，类脑智能比传统的人工智能在实际应用和未来前景上都更具广阔性，如基于机器学习的逻辑推理、基于人机交互的智能家居、基于数据分析的公共安全预警等。特别提到的是当在指数量级的"大数据"上展开处理时，我们就更需要通过类脑智能的相关技术来对非结构化的图表、音频、视频等展开深度解析。

而当前，计算机技术正面临两个重要的瓶颈。"冯·诺依曼"架构导致的存储墙效应造成能效低下以及引领半导体发展的摩尔定律预计在未来数年内失效。一方面，传统处理器架构需将高维信息的处理过程转换成纯时间维度的一维处理过程，其效率低、能耗高。在处理非结构化信息时，我们无法构造合适的算法，尤其在实时处理智能问题时难以满足需求。此外，信息处理过程在物理分离的中央处理器和存储器内完成。程序和数据依次从存储器读入中央处理器进行处理，而后再送回存储器中。该过程造成大量的能耗损失。程序或数据往复传输的速率与中央处理器处理信息的速率不匹配导致严重的存储墙效应；另一方面，随着业界进入的亚纳米技术节点，器件越来越逼近各自物理微缩的极限。量子效应越来越干扰器件的正常工作。虽然人们对于摩尔定律的具体终结时间有不同的估算，但是工业界对于持续多年的摩尔定律的终结本身并无争议。显而易见，对脑神经科学展开深入研究并研发相应的类脑计算技术的做法变得尤为迫切。欧盟、美国、英国、韩国、日本等国家和地区都已经深度开展脑科学或神经科学等相关领域的研究。

开展相关研究的目的及意义就是根据现有的类脑智能研究成果，在类脑智能硬件层面，尝试搭建一些较高性能、较低功耗的大规模类脑模拟仿真计算机体系结构。与经典计算机系统相比，我们要力争实现类脑计算机的两大特点：第一，低功耗。在体系结构方面，我们可以借鉴生物大脑，从而大幅度降低类脑计算机系统的能耗。据 IBM 测算在实时模拟人脑的时候，我们需要三百多台天河 2 号

同时工作；第二，高并行。我们可以通过采用特殊设计的通信网络架构和数据包传输方式来模拟生物神经元的处理过程，并且最终搭建一个可处理超大规模数据的类脑计算机模型。自古以来，研究出智能的机器是人们的一大愿景。计算机是实现这一愿景的核心载体。最早开展人工智能研究和展望的计算机先驱是被誉为"人工智能之父"的图灵。更早期的莱布尼茨和帕斯卡也对人工智能进行了设想。图灵曾对未来的人工智能研究提出这样的寄语。研制出像人类一样进行思考的智能系统是人工智能研究的目的，而造福人类的智能研究才是研究的意义。学术界提出过"制造智能机器的科学与工程"以及"模拟、延伸、扩展人类智能"的基本定义和长远目标。

作为学术界开始探索计算机与人类大脑在信息处理机制关系上的基础论著，耶鲁大学出版的 *The Computer and the Brain* 明确指出："人类大脑与计算机系统相比所具备的特殊性能：科学的冗余设计和高度的并行处理。"与此同时，文献还指出："人类大脑可看作是一个融合了模拟计算与数字计算的智能混合系统。"这在信息处理上和传统计算机具有截然不同的机制。根据摩尔定律，计算机的性能在发展的过程中呈现"指数级"的增长。这有力地推动了信息技术的更新迭代。然而，随着摩尔定律危机的逐步显现，我们能够预想到计算机发展模式将发生巨大的变化。有研究表明，就算借助世界上最先进的超级计算机来模拟人类大脑的运作机制，无论是性能还是功耗都有着巨大的差异。差异甚至达到两个数量级别。因此，我们要真正开发出类脑计算机实现"类脑智能"就必须从理论、硬件、软件等层面进行全新规划与设计。

加州理工大学的 Carver Mead 教授撰写了一本名为《模拟 VLSI 与神经系》的论著。书中提到了"类脑科学工程"的概念。这是一种基于亚阈值模拟电路的设计，它通过模拟仿真脉冲神经网络，重点在视网膜领域开展了相关研究。类脑计算研究并未取得太大的进展，这源于摩尔定律还在发挥作用。此后，基于"冯·诺依曼"架构的传统计算机半导体技术飞速发展。计算机单核处理器的主频增长缓慢。越来越多的研究者将目光聚焦在多核处理器，并且试图寻找新的计算机体系结构方案。沉寂多年的类脑计算研究也开始进入学术界的中心舞台。美国斯坦福大学的 Kwabena Boahen 教授团队首次在模拟电路上研制成功了一款类脑芯片。这在学术界引起了巨大的轰动。曼彻斯特大学的 Steve Furber 教授团队研究多核的类脑计算机。这是一款在 ARM 平台上采用脉冲神经网络机制的类脑超级计算机。德国的团队亦加入神经形态芯片的研究，并且在模拟混合信号领域获得了不错进展。美国惠普公司在模拟神经突触级别上实现了硅材料＋忆阻器的混合电路原型。

"蓝脑计划"推出一个类脑神经网络模型（大脑规模达到蜜蜂级别）。该模型虽然仿真速度比实际运行慢了大约300倍，但却包括了百万数量级别的神经元以及十亿数量级别的突触。IBM发布的"真北"（True North）芯片是脉冲神经网络芯片的代表。"真北"芯片具有4096个处理核数，每个核有256个硬件神经元，能够模拟超过100万个神经元结构和超过2.56亿个的突触结构。硬件神经元接收到激发过来的脉冲信号便会逐步积累，一直到脉冲信号超越设定的网络阈值时，系统就将硬件神经元激活并发射脉冲信号。作为迄今最大的互补金属氧化物半导体（complementary metal oxide semiconductor，简称CMOS）芯片之一，"真北"脉冲神经网络芯片含有54亿个晶体管，峰值性能可达到266GB/s的定点运算速度。欧盟正式对外开放曼彻斯特大学与海德堡大学的系统。这两套对外开发的系统让更多的类脑计算研究者能够参与其中，特别是认知计算科学、机器学习模拟和神经微回路等研究。传统的模拟神经元主要采用的是电容和电阻等元器件。

为全面提升智能科学水平并加快抢占类脑研究高地，国内各大科研院所也陆续成立专门团队参与国际竞争。各大科研院所不断深入研究脑神经科学机理，并且在此基础上开展各类人工智能、深度学习、仿生科技、类脑计算、并行处理的创新研究。北京大学借助过渡金属氧化物实现的忆阻器对spike-timing-dependent plasticity（STDP）学习法则开展了相关的实验室仿真，从硬件层面成功对突触的异源性和可塑性进行了有效验证。该团队还发布了有关阻变效应在金属氧化物材质忆阻器中微观机理的报告，并且建立了可供仿真超大规模电路、精确表征各类器件物理效应和特性的神经网络模型。清华大学借助石墨烯材料的双极型传输特性系统研制了多款可用于模拟突触的忆阻器器件，第一次研制出基于二维材料的类突触器件。一款叫做"天机"的类脑计算芯片也是由清华大学的团队研发出来。该团队提出的类脑计算架构能同时支持人工神经网络、脉冲神经网络及各种混合集成网络。它的运算能力可达153.6GB/s。该类脑计算芯片能够支持定点运算，内置了6256个简化的脉冲神经元计算。

南京大学的科研团队也在类脑计算领域开展了有益探索。他们成功采用氧化物双电层晶体管研制仿真人造突触、神经元和自支撑壳聚糖膜，并且结合STDP

等学习法则开展具体的验证工作。华中科技大学的科研团队成功推出了基于相变存储器的神经形态器件，并且实现了神经元在连续的脉冲刺激下超过给定阈值而产生积分触发的特性。该团队成功实现了四种形式的 STDP 学习法则，并且发明了多种用于解决非易失性布尔逻辑的神经运算模式。中国科学院计算所则与法国展开深度合作。双方共同研制出了首个采用深度神经网络架构的处理器。在此基础上，中科院计算所成功推出"寒武纪"深度神经网络处理器芯片。该芯片支持独立运行的神经元存储单元、低耗运行的权值存储单元和高效运行的神经元计算单元。芯片的运算能力能够达到 512GB/s，每秒能处理超过 160 亿个的神经元和超过 2.56 万亿个的突触运算。浙江大学和杭州电子科技大学就低功耗嵌入式应用领域展开合作，并且研发了一款新型的脉冲神经网络芯片"达尔文"。为了最终实现类脑计算机的研制，各大研究机构都推出了自己的研究任务与路线。但归根到底离不开如下的主线思路：从理论基础研究入手，逐步实现类脑计算机研制，最终实现类脑智能。这将经历从结构层次模仿脑到器件层次逼近脑，再到算法层次超越脑的过程。

进入 21 世纪以来，人类对大脑的基础性研究也取得了突飞猛进的进步。这些成果对当前研究类脑计算与智能科学具有非常重要的意义和价值。与此同时，人脑成像和基因成像技术的高速发展也促使了越来越多的科学数据的产生。运用电化学实验、微电极阵列、功能性钙成像、近红外成像、核磁共振、膜片钳、正电子断层扫描等方法和手段的创新可以让科学家们能更加直观且有效地在宏观脑区层面、介观神经簇层面，以及微观神经元层面获取大脑神经系统的影像数据。除此之外，相关学者也可以探讨各类神经元和突触的激发放电规律。由此可见，类脑计算研究者已经意识到了类脑研究将进入全新的阶段。各国政府也都积极推动相关的脑计划。一场类脑研究的新革命正在进行，人类通往人工智能的大门也正徐徐打开。

四、类脑计算机的概略及功能需求

（一）类脑计算机概略

众所周知，哺乳动物特别是人类的神经系统是自然界中最为高效、最健壮的结构之一。人类大脑拥有大量的连接，它表现出强大的并行性。神经元以几毫秒的速度实现生物互联，它对组件级的故障具有优异的容错机制。对于计算机科学家来说，神经系统和数字系统之间具有巨大的相似性。细胞体、树突、轴突、神经末梢和突触等结构共同构成了一个神经元模型。具体来说，神经元的核心部位是一个含"核"的细胞体，其半径为 $2\sim60$ 微米。细胞体表面有长短不一的两类细胞突起，分别是长条的轴突（只有一根）和短条的树突（通常为多根）。一个神经元间的兴奋传递经由轴突、神经末梢最终抵达突触（神经元间相连的部位）。各种功能的神经元构成了一个完整的神经系统。它能对信息进行有效的接收、整合和传递。这被认为是神经系统学习和适应等过程的核心环节。虽然大脑神经网络在不同的层级水平上具有不同的信息处理与逻辑分析能力，但是它们却是协同统一的整体，彼此之间紧密联系。

类脑计算机正是这样一款模拟大脑神经网络运行、具备超大规模脉冲实时通信的新型计算机模型。类脑计算机通过模拟生物大脑神经网络的高效能、低功耗、实时性等特点，借助大规模的 CPU 集群来进行神经网络实现。在 CPU 集群中，每条线程将映射模拟对应的神经元。成千上万的线程（神经元）有序运行构成完整的大规模神经网络。因为超大规模的神经元网络需要实现彼此通信的神经元数据巨大且传输的数据包众多，而且还有大量的物理线路需要部署，所以超大规模类脑计算机需要解决诸如数据实时组播、板间互联和脉冲通信等关键技术问题。

（二）神经脉冲数据包组播传输存在的问题

作为一个超大规模的类脑计算机，数据包的传输效率是一个严峻的问题。即使是一台依托传统"冯·诺依曼"架构的计算机，由于数据包传输的不科学、不合理导致系统宕机的事件也时有发生。一般来说，数据包的传输有四种类型。这四种类型包括最近邻包、点对点、固定路由和组播等方式。系统采用特定的协议和硬件系统可构筑应有的数据通道。某个类脑计算机预计部署百万个核心的 CPU 集群。每个多核 CPU 将仿真映射出上万个神经元。每个神经元可发送成百上千个数据包。神经元又与周边成千上万的神经元和突触实现互联互通。这样一来，整个系统的数据传输将呈现指数级的数量增长。倘若还是采用典型的传输控制／互联网等协议开展传输，系统的数据传输效率将非常缓慢。如此庞大的神经网络系统效能必然遭到极大耽误。如此分析下来，采取广播或者组播将是不错的方式，然而事实上并非两者都可行。在超大规模神经网络中，我们可以采用广播的数据包传输方式。当每个神经元每次发送数据信号的时候，它都会向系统中所有的神经元节点传输。这是非常耗费资源的操作。特别是在多个节点都采取广播方式时，系统将出现网络阻塞。因此，在超大规模类脑计算机中，采用组播的数据包传输方式是不二的选择。

与点对点、广播等传输方案相比，组播路由器有助于减少数据注入端口的压力，并且显著减少穿越网络的数据包数量。组播路由器根据数据包的源地址（神经元标识符）进行路由决策。也就是说，神经事件数据包不包含关于其目的地的信息，只包含已经触发的神经元。这种方式将很好地适应大脑神经网络的特点。各个局部的神经元之间都能进行通信和路由。

（三）高效板间互联存在的问题

成型的超大规模类脑计算机拥有大量的计算板。每块计算板将搭载相应数量的元器件。模块化设计的计算板必须支持高效率的板间互联互通。如果每个元器件都有独立的电路与外部联系，那么将会有无数条电线需要衔接。一方面，计算板的物理面积有限，不可能用无限大的面板来支撑如此多的布线设计；另一方面，大量的线路裸露在器件外将非常容易折断损坏。倘若有种方式能够将如此多的线路集合在一起进行连接，这将非常有利于类脑计算机的超大规模部署。相关学者尝试采用现场可编程门阵列的多路交换机制，将物理上属于同一个方向的多条线路集合起来，通过相关接口进行通信。从表面上看，每个线路是一条物理线路，但实际上是多路合一。它包含了相同方向的多条逻辑线路。除此之外，内部各元器件的信息流通也要根据实际情况采用合适的通信方式。板间的互联互通还需要考虑合适的通信网络结构，如采用四边形、六边形、3D 结构等形状的多路通信结构。经过综合研究分析，相关学者最终确定板间的互联互通采用一个六边形的通信网络结构将会是比较好的操作方式，也能够更好地适应超大规模类脑计算机的通信要求。

（四）类脑计算算法

谈及智能控制方法，很多研究还是在做控制算法的优化。但是到目前为止，控制领域乃至整个人工智能领域所面临的两个重大瓶颈其实是存储器和中央处理器分离"冯·诺依曼"架构导致的存储墙效应造成能效低下和引领半导体发展的摩尔定律预计在未来数年内失效。针对这两个问题，我们的未来更适合运用智能控制方法。显而易见，该方法应该是基于非冯·诺依曼架构的类脑计算控制方法。类脑计算领域包括三大板块，其内容如下：第一，类脑计算算法、芯片、软件工具链和系统；第二，接口；第三，应用。在真实世界中，每一层都支撑上一层，而数码宇宙却是每一层回到最底层。目前的人工神经网络只是借助了空间复杂性的描述，它完成了一种傻瓜式的映射。而对于真正的大脑，一个神经元接一千个一万个神经元。这是扩和缩的概念。计算机是缩，脑是扩，所以最终处理信息的时候是非常快的。故此，我们想建立一个一样的架构就要让计算机的架构保持类脑复杂性。在物理学角度，这是熵的增减问题。反映到计算机上，这就产生了能耗、速度和带宽等一系列问题。因为广义的通用系统需要控制的元素太多了。而如今，我们的认知能力又有限并且水平不一。因此，按照传统智能算法得出的结论是参差不齐的。我们如果想提高准确度与认知能力，那么就必须要结合时间和空间的复杂度。最有效的方法不是一味的追求理论上的准确度，而是试错。试错是人类一个非常非常重要的能力。所以在训练一个算法模型的时候，我们主要采用通过环境刺激和交互训练实现感知认知等基础性智能，其效率更高。获得的智能也更适应复杂环境。

五、大规模类脑模拟仿真计算机模型设计内容

（一）系统拓扑结构

大规模类脑模拟仿真计算机平台通过一个高效的自定义网络连接了大量通用的处理器，并且提供了广泛的通信可能来操纵所使用的神经网络模型。这种灵活性支持了类脑架构的强大功能。它利用特殊的硬件设计实现了速度。而资源分配、内存和通信基础结构的特性使得它非常适合任何可以被转换成大量交互实体形式的问题。每个实体都拥有一个小而独立的状态，比如一个神经网络。系统的整体架构的核心是由服务器主机和类脑计算机主板构成。服务器主机负责与用户交互、控制并下发任务给类脑计算机主板。类脑计算机主板则负责负载均衡、任务执行等工作，表情将执行情况返回给服务器主机。大量的计算机主板存放在计算机机柜中，并且相互联通构成一台超大规模类脑模拟仿真计算机。当前，相关学者采用模块化设计的思路来进行类脑计算机的模型设计。未来成型的超大规模类脑计算机将由一块块的计算机主板构成。单个计算组所包含的八个计算节点中有一个属于特殊的计算节点。这八个计算节点在开机时都会先运行检测程序，如需重启则重启。我们如果需更新计算应用程序，那么就更新计算应用程序。我们

如果需要清除数据，那么需先更新计算应用程序。

（二）组播路由系统

为了模拟生物系统的高度连接，相关类脑计算机使用了一个自定时、分组交换的网络。它支持高效的组播、高带宽和低延迟通信。通信基础设施的核心是一个芯片上的路由器和自定时的结构。它允许芯片通信的无缝扩展包括芯片间的连接。在类脑计算机研究中，一种基于源地址事件表示的寻址方式具有良好的效果，其主要通过分组交换通信和组播路由实现。节点间的通信机制是通过数据包传递。这些数据包由内核启动，并且由硬件传输到本地节点路由器。在那里，数据包根据需要重新定向到目标核心。如果这些目的节点与源节点位于同一节点，那么数据包将直接在节点中处理。如果目标是另一个节点核心，那么我们就将数据包发送到物理相邻的节点以开始其通信传递过程。虽然每个节点仅物理上直接连接到少数几个邻居节点，但是各种路由技术可确保将数据包传送到目标节点。

1. 组播数据包具备的格式

路由器负责将数据包进行节点间、神经元间的传输。芯片网络常用的数据包包括组播数据包、点对点数据包、最近邻数据包、固定路由数据包等等。在类脑计算机结构中，相关学者采用的是组播数据包类型。控制字节包含一个分组类型的比特位、一个紧急路由、一个时间标记、一个有效载荷指示符合错误检测信息。各种错误条件由路由器识别和处理，例如数据包奇偶校验错误、超时和输出链路故障等。这种数据包类型被应用程序代码用于数据传输。因为它是唯一允许直接进行核心到核心传输的数据包类型。第一个数据字包含生成神经元的完整32位源地址（遵循一些规则，如节点16位，神经元内节点16位）。组播数据包可以从任意内核启动，并且发送到任意一个内核。但是适当的路由器可能会在其传输的任何阶段复制数据包，以支持问题（神经聚合）拓扑的大规模扇出需求。

2. 组播数据包传输设计

每个内核节点都有一个路由器。根据复杂度和数据大小，设置驱动路由所需的数据表将是一项非常重要的任务。假设在一个完整的65 536个节点的类脑计算机中，每个节点包含一个65 536个条目表。这些表项由启动代码在内部派生，并且定义工作节点网格拓扑的分布式定义。这是一个非常简单的类脑计算机神经网格。它由一个平面的3×3网格节点组成。

3.CAM 结构及组播的实现

CAM 的英语全称为 computer aided manufacturing，它的中文翻译为计算机辅助制造。提高类脑计算的分布式性能的关键在于采用多播数据包路由器。在超大规模的类脑计算机架构中，节点数量越多，每个节点需要包含的路由条目表就越多。每次数据抵达都需要借助比较器展开源地址的比对。如果用 FPGA 芯片实现 CAM 需要实例化异常庞大的表，那么为了节省成本并为其他功能的实现节约片上资源，相关类脑计算机平台选择使用商用 CAM 芯片。作为一种特殊的存储阵列，CAM 是以内容进行寻址的一种存储器。CAM 的阵列单元储存了各类数据项内容。我们常用"深度"和"字宽"来表示其容量。"深度"代表 CAM 阵列中的数据项总条数，可达4096条。"字宽"则代表单条数据项的具体位数，可达64位。在工作的时候，CAM 会同时将输入数据项和 CAM 中的所有数据项进行比对，从而判断该输入数据项是否匹配。CAM 表的结构由 32bits 的源地址位、6bits 的端口号位，以及 16bits 的其他功能位组成。系统根据数据包中的源地址与 CAM 当中的源地址进行匹配，如果源地址匹配成功，则取得匹配得到的转发端口。

除此之外，CAM 芯片还具备两个核心数据端口，分别是控制端口（control port）和匹配端口（match port）。控制端口用于特殊计算节点对 CAM 表的操作，它包括插入、删除数据表项、模式设置和模拟匹配，以及读取芯片内部状态寄存器的信息等。数据项的检索通过匹配端口完成。匹配端口是用于 FPGA 对 CAM 表进行的操作。在匹配到对应端口后，FPGA 根据相应的 CAM 表的方向进行数据传输。CAM 初始化信息储存在特殊计算节点中。CAM 初始化由特殊计算节点直接完成。CAM 在初始化前，该特殊计算节点可以依据其得到的信息和自己的计算结果修改 CAM 表项并在下一次开机时初始化 CAM。在初始化完成后，如果特殊计算节点需要修改 CAM 表项，那么我们则通过与 FPGA 通信进行修改并保存于特殊计算节点中。

（三）互联互通架构

1. 全网的通信设计

超大规模类脑计算机的通信网络结构选型是一项关键工作。在综合考虑线路数量、路由数量、网络半径、实时通信等因素后，相关学者最终选择六边形的通信网络架构作为类脑计算机的通信原型。相关学者分析了几个可选架构的利弊，分别是四边形、六边形、3D 的网络结构。如果我们采用四边形的通信网络架构，相对来说网络半径会较大，系统传输耗时将更长。而如果采用3D的通信网络架构，虽然系统在网络半径上会更占优，但是这将导致布线链路数增加、通信路由数增加、交互稳定性降低等问题。考虑到类脑计算机超大规模特性、可拓展性，以及物理部件的费用成本等，相关学者将系统全网通信结构设计为更加具备对称属性的六边形结构。

2. 板间与板内通信设计

任何计算机架构都不可能由单块主板在物理上无限地扩大，一定是要满足模块化的主板连接。对于超大规模类脑计算机而言，主板的延展性更是一项必须实现的指标。与此同时为了保持计算机主板在物理上和逻辑上的对称性并进一步降低超大规模类脑计算机的布线数量，相关学者设计将六个类脑计算组作为一个类脑计算机主板单元模块。如果我们不对主板间的线路进行合理化处理，那么一个计算机主板将会有大量的外接线路。主板物理空间既容纳不下，线路也容易折损。相关学者基于FPGA丰富的布线资源和多路交换的功能以及六边形的通信网络结构，对线路采取"多合一"的设计。他将相同传输方向的线路在物理上合并起来，最终将一块计算机主板的对外线路合并成六根。在实际布线中，需要负责直接对外通信的计算机组会有两条或三条线路与板内相邻的计算机组连通。不需要直接对外通信的计算机组则有四条线路与板内相邻的四个计算机组连通。直接对外连接的单一线路在物理上将附近的三条线路合并在一起，在逻辑上依旧是三条线路共享。这样的方式可以有效降低板间连接的线路。

（四）软件系统

类脑计算机软件工作的重要部分是开发将复杂问题映射到类脑计算机硬件上的程序。典型的例子是神经网络仿真。其中，单个神经元或神经元组必须被分配给系统中的核心，并且路由表被设置为允许它们适当地进行通信以用于网络的连接。我们将控制类脑计算机系统的工作站称为"主机工作站"。在相关项目中，相关学者将开发各种与类脑计算机相关的主机软件，其包括将应用程序下载到类脑计算机系统的工具、将相关文本和数据输出到可视化界面的工具、实时向神经模拟提供峰值（神经事件）的"峰值服务器"等工具软件。类脑计算机软件系统可以分为软件系统本身和其他系统上运行的软件，其中一些软件可以与类脑计算机软件系统进行交互。运行在类脑计算机上的大多数软件都是用C语言编写的。这些软件可以细分为控制软件（原始操作系统）和执行用户计算的应用软件。类脑计算机和外界之间的主要接口是基于以太网和 IP 协议。每个类脑计算机芯片都有一个以太网接口。通常情况下，每个芯片都使用该接口。这用于将代码和数据下载到系统上并收集相关的数据结果。

在类脑计算机系统上运行的控制软件被称为"控制和监测程序"。类脑计算机芯片包含主引导程序代码，它允许通过以太网接口或芯片间链路加载代码，并且用于加载"控制和监测程序"。它最初是通过以太网接口加载到单个芯片，然后"控制和监测程序"通过芯片间链路传播到整个系统。它被选在监控处理器的内核上连续运行，并且向外界提供一系列服务，以允许应用程序在每个芯片上的其余应用程序内核上加载。在类脑计算机系统中，我们使用了一种称为"数据报协议"的简单数据包协议。"控制和监测程序"充当"数据报协议"数据包的路由器，允许它们发送到系统中的任何内核或从系统中的任何内核发送，也可以通过以太网发送到外部端点。此协议形成了应用程序加载和类脑计算机芯片、外部机器之间的高级通信的基础。在单个芯片中，我们可以使用共享存储器接口在各个内核之间交换"数据报协议"数据包。在芯片之间，"数据报协议"作为芯片间链路传输的点对点数据包序列传输。为了将"数据报协议"传送出系统，数据包被嵌入到 UDP/IP 数据包中，并且通过以太网接口发送到外部端点。

因为类脑计算机中的片上存储器提供的代码和数据量有限，并且操作系统支持的空间不大，所以我们只用最少的辅助代码与应用程序一起加载。每个应用程序都与叫做"应用程序运行内核"的支持库链接。该支持库为应用程序内核提供启动代码，以便为应用程序设置运行时的环境。它还为应用程序提供了一个函数库，进行内存分配和中断控制。该支持库还在"监控处理器"上运行"控制和监测程序"的通信接口，并且允许应用程序与其他类脑计算机芯片或外部系统通信并受其控制。应用程序使用 ARM 交叉编译器构建，并且与"应用程序运行内核"支持库链接。在链接阶段所输出的文件将被转换为"应用程序加载和执行"的文件格式，并且作为"控制和监测程序"的一部分。然后在类脑计算机系统中，我们可以下载该"应用程序加载和执行"文件，再由"控制和监测程序"将其加载到相关应用程序内核的内存部分。大多数类脑计算机应用程序都需要调用一个"事件管理库"。该库提供了将常见中断与事件处理代码关联和管理事件队列的工具。当处理器没有处理事件的时候，它处于低功耗休眠模式。这个事件管理库可以被视为用户应用程序和底层硬件之间的软件层。为了便于使用该事件管理库进行类脑计算机程序开发，相关学者特地开发了一种"模拟器"。它提供了与"事件管理库"相同的一组库函数，只是它运行在 Linux 操作系统上。这将使没有类脑计算机硬件的用户也可以开发和调试相关的应用程序并熟悉编程模型。

除此之外，类脑计算机软件系统采用的编程模型是实时事件驱动系统。"应用程序处理器"具有一个基本状态。该基本状态被暂停并等待中断，从而有助于系统的整体能效。在标准神经建模应用程序中，三个主要事件会导致"应用程序处理器"唤醒。当然，这些事件是异步且不可预知的。因此，处理器上运行的软件必须能够优先处理事件并处理多个重叠请求。这是通过使用支持每个"应用程序处理器"的事件驱动操作的实时内核实现的。类脑计算是一种类似人类大脑运行模式、基于脉冲神经网络的全新智能计算模式，它的目标是具有更高级别的认知、学习和预测的能力。采用当前的超级计算机来进行神经网络的模拟是一种不错的方式。这些超级计算机都是基于"冯·诺依曼"架构的，其存储单元和处理单元是独立的两个部分，两者之间依靠数据传输总线进行互联互通。这就导致了"冯·诺依曼"瓶颈的出现，也暴露出了超级计算机能耗高、体积大和效率低的弊端。与大脑的分散架构不同，这种时序集中的"冯·诺依曼"架构要求处理器具有极高的时钟频率。相比较而言，类人脑的计算方式可同时满足体积和能耗上的要求，并且具备实时处理能力。

第七章　星载计算机体系结构研究

第一节　星载计算机的研究现状

一、星载计算机研究情况

（一）研究背景

近年来，我国的航天事业发展迅速。特别是进入 21 世纪以来，我国在航天领域取得了巨大的成就。航天任务的复杂性越来越高，对航天器的功能和性能也提出了越来越高的要求。作为航天器综合电子系统的控制及数据管理中心，星载计算机承担着卫星姿态与轨道控制、星务管理、有效载荷数据管理与处理等任务，其可靠性直接关系到航天器的工作状况。星载计算机工作于环境复杂的太空环境中，受到各种空间辐射的干扰，如宇宙射线、极光辐射、太阳耀斑等。空间辐射极有可能导致星载计算机系统发生单粒子效应和总剂量效应，使星载计算机系统的可靠性降低，从而发生故障甚至系统失效。相关数据表明，卫星和航天器的主要故障主要来源于空间辐射。随着半导体技术的飞速发展，半导体器件的集成度越来越高。器件的特征尺寸越来越小。这使得单粒子效应也越来越严重。因此，当前航天器研究设计的关键就是对星载计算机进行高可靠性设计以保障其在恶劣的空间环境中能长时间可靠运行。

（二）国外星载计算机的发展及趋势

自从美国美国国家航空航天局（national aeronautics and space administration, 简称 NASA）研制出第一台星载计算机以来，国外的星载计算机经历了从简单到复杂、性能从低到高的发展过程。近年来随着卫星技术和高可靠性技术的不断发展，国外星载计算机也取得了较大的发展。星载计算机的性能和可靠性都有了很大的提高，其主要表现在以下几个方面：

1.冗余技术分类与发展情况

(1)冗余技术的分类

冗余是指在正常系统运行所需的基础上加上一定数量的资源，它包括信息、时间、硬件和软件。冗余是容错技术的基础，通过冗余资源的加入，可以使系统的可靠性得到较大的提高。主要的冗余技术有结构冗余（硬件冗余和软件冗余）、信息冗余、时间冗余和冗余附加四种。

①结构冗余

结构冗余是常用的冗余技术。按其工作方式，可分为静态冗余、动态冗余和混合冗余三种。静态冗余，又称为屏蔽冗余或被动冗余，常用的有三模冗余和多模冗余。静态冗余通过表决和比较来屏蔽系统中出现的错误。例如，三模冗余是对三个功能相同，但是由不同的人采用不同的方法开发出的模块的运行结果进行表决，因此，多数结果作为系统的最终结果。如果模块中有一个出错，那么这个错误能够被其他模块的正确结果"屏蔽"。因为我们无需对错误进行特别的测试，也不必进行模块的切换就能实现容错，所以它被称为静态容错。

动态冗余，又称为主动冗余，是通过故障检测、故障定位及故障恢复等手段达到容错的目的，其主要方式是多重模块待机储备。当系统检测到某工作模块出现错误时，我们就可以用一个备用的模块来顶替它并重新运行。在其待机时，各备用模块可与主模块一样工作，也可不工作。前者叫做热备份系统（双重系统），后者叫做冷备份系统（双工系统、双份系统）。在热备份系统中，两套系统同时、同步运行。当联机子系统检测到错误时，我们要退出服务进行检修，而由热备份子系统接替工作。备用模块在待机过程中其失效率为0。处于冷备份的子系统平时停机或运行与联机系统无关的运算。当联机子系统产生故障时，人工或自动进行切换可以使冷备份系统成为联机系统。在运行冷备份时，我们不能保证从系统断点处精确地连续工作。因为备份机不能取得原来的机器上当前运行的全部数据。

混合冗余技术是将静态冗余和动态冗余结合起来，并且取二者之长处。它先使用静态冗余中的故障屏蔽技术，使系统免受某些可以被屏蔽的故障的影响。它会对那些无法屏蔽的故障采用主动冗余中的故障检测、故障定位和故障恢复等技术，并且对系统可以作重新配置。因此，混合冗余的效果要大大优于静态冗余和动态冗余。然而由于混合冗余既要有静态冗余的屏蔽功能，又要有动态冗余的各种检测和定位等功能，因此，它的附加硬件的开销是相当大的。故此，混合冗余的成本很高，仅在对可靠性要求极高的场合中采用。

②信息冗余

信息冗余是在实现正常功能所需要的信息外，再添加一些信息，以保证运行结果正确性的方法。例如，检错码和纠错码就是信息冗余的例子。这种冗余信息的添加方式是按照一组预定的规则进行的。符合添加规则而形成的带有冗余信息的字叫做码字。而那些虽带有冗余信息但不符合添加规则的字则称为非码字。当系统出现故障时，它可能会将码字变成非码字。于是在译码过程中会将引起非码字的故障检测出来，这就是检错码的基本思想。纠错码不仅可以将错误检测出来，还能将由故障引起的非码字纠正成为正确的码字。由此可见，信息冗余的主要任务是研究出一套理想的编码和译码技术来提高信息冗余的效率。在编码技术中，奇偶校验码、海明校验码和循环冗余校验码是应用最广泛的技术。

③时间冗余

时间冗余是以时间（即降低系统运行速度）为代价以减少硬件冗余和信息冗余的开销来达到提高可靠性的目的。在某些实际应用中，硬件冗余和信息冗余的成本、体积、功耗、重量等开销可能过高。在时间并不是太重要因素的情况下，我们可以使用时间冗余。时间冗余的基本概念是重复多次进行相同的计算或者称为重复执行（复执），以达到故障检测的目的。虽然实现时间冗余的方法很多，但是其基本思想不外乎是对相同的计算任务重复执行多次，然后将每次的运行结果存放起来再进行比较。如果每次的结果相同，那么我们认为无故障。如果存在不同的结果，那么说明检测到了故障。不过，这种方法往往只能检测到瞬时性故障而不宜检测永久性的故障。

④冗余附加

冗余附加包括冗余备份程序的存储及调用、实现错误检测和错误恢复的程序、实现容错软件所需的固化程序。

(2) 冗余技术的发展情况

星载计算机的工作环境及其在航天任务中的重要性决定了其必须具有非常高的可靠性。冗余技术是提高系统可靠性最常用的方法。目前，国外高可靠性的星载计算机系统已经从整机冗余向模块、部件冗余和可重构的方向发展。为了适应航天器愈来愈多的应用需求，星载计算机的可重构技术也从单纯的系统容错重构向容错重构加功能重构的方向发展。近年来随着微电子技术的飞速发展以及芯片制造工艺技术的不断提高，欧美等航天业发达的国家将冗余技术由模块级向芯片级进一步推进。欧洲空间局（European space agency，简称 ESA）就采用三模冗余（TMR）技术。存储器接口和内部 Cache 采用检错纠错技术。他们通过在器件级实现冗余容错，这大大降低了系统整机的体积和重量。

2.CPU 的发展情况

中央处理器（CPU）是星载计算机的关键部件，其性能的好坏直接影响着计算机的处理能力。ESA 也曾经采用美国生产的 CPU 和抗辐照器件来设计和研制自己的星载计算机系统。但是因为商业竞争的关系，美国对欧洲也采取了禁运措施。因此，ESA 为了保持在国际航天市场上的竞争力和满足自己未来航天应用的需求开始研制自己的 CPU。

3.标准化和通用性的发展情况

国外星载计算机普遍采用标准成熟的商用器件、体系结构和接口的设计，使用航天工程的工艺，实现航天电子系统性能的提升。星载计算机系统整机采用基于冗余总线的模块化体系结构。模块的设备接口、内外部器件接口均使用现有的商用接口标准，易于各种电子设备的重新配置和升级换代。在外部接口方面，NASA 和 ESA 均采用标准串行数据总线将中低速总线与高速总线分开。在系统软件方面，早期的星载计算机系统软件多采用 Ada 语言，现在 C 语言应用较多。在统一标准的基础上，系统软件建立力求软件的源码级兼容，以利于软件的协同开发、测试和维护。系统普遍采用实时多任务操作系统来维护和管理系统资源。

（三）国内星载计算机的发展情况

当前，无论是在计算机的计算能力、抗辐照器件的工艺水平还是软件技术方面，我国的星载计算机技术同国际先进水平还存在着一定的差距。现阶段，国内的星载计算机的研究主要集中在以下几个方面：

在星载计算机的计算机能力上，为了提高计算机的数据处理能力，航天五院和八院、国防科学技术大学等单位研制了星载并行计算机系统 PFT-OBCS 的原理样机。在体系结构上，国内对星载计算机体系结构的研究和设计大多集中在双机系统上，采用双机备份方式。中国海洋一号卫星的星务中心计算机、中国科学院研制的"创新一号"小卫星星载计算机以及"东方红三号""神舟五号"智能化监控系统等也是采用双机热备的结构。为了满足高可靠性的需求和受国外禁运政策的影响，我国研制具有自主知识产权的航天用 CPU 和抗辐照器件。在操作系统方面，由于受硬件处理能力的限制，国内小卫星的星载计算机大多不采用操作系统。一些星载计算机采用国内自主设计的嵌入式操作系统。在实时嵌入式操作系统领域，我国的研发队伍也在逐渐扩大，其中比较有代表性的有红旗嵌入式 Linux 等。它们在实时性和可靠性方面还存在不足，暂时还不能应用在航天领域。

通过我国已经研制发射的卫星资料不难看出，我国在星载计算机系统的标准与实现方面还处于探索和发展阶段。我国与国际先进水平还有较大差距，并没有形成标准的卫星制造和试验平台。对于不同的卫星，我们需要重新设计星载计算机系统。卫星开发时间长，消耗成本大，其中一些系统的核心部件还是依赖进口。卫星处理能力比较低，无法满足一些空间信息处理能对计算机能力的需求。同时，我国星载计算机软件的可配置性、可扩展性和可重用性还存在严重不足，缺少配套的开发测试环境。这些因素都严重影响着我国航天事业的进一步发展。根据国际上的经验和我国当前卫星的发展现状来看，我国的星载高性能计算机应该从商用现成品或技术（commercial off-the-shelf，简称 COTS）考虑入手，采用普通的高性能商用器件。在体系结构上，我们要对其进行容错加固设计，以此来满足我国当前高性能的应用需求。这种开发方式成本低、周期短，同时也能满足一些高性能的计算需求。

二、星载计算机系统的特征

因为星载中心计算机工作在外太空，太空中的工作环境和地面是非常不同的，所以它具有自身的一些特点。

（一）抗辐照特征

太空到处充斥着各种高能射线和高速粒子。这些射线和粒子都会对计算机的正常工作产生负面影响，削减其工作稳定性，甚至导致其工作时出现致命错误。太空中的电子系统必须要在地球的电离带、太阳风、高能宇宙射线中才能正常工作并生存下来。因此，计算机的工作环境异常恶劣。这些由于高能射线和高能粒子造成的负面影响可以被归类为以下两个方面：一方面，总辐照剂量效应。它就是长期受到高能粒子或射线的辐照而引起的设备老化效应。另一方面，单事件效应。它是由于高能粒子打入电路而引起的设备瞬间或永久性故障的效应。星载中心计算机工作的地点在太空，必须对上述两种效应具有抵抗能力。为此，我们可以增强系统的可靠性。

（二）低功耗特征

太空计算机系统和地面计算机系统最大不同之一就是散热问题。地面计算机随着计算能力的增加，功耗也会随之增加。巨大的功耗往往导致机器运行温度过高从而导致系统运行不稳定甚至死机等。但是因为空气对流的存在，所以我们可以增加风扇或者配置制冷设备（如空调）来降低系统运行环境的温度从而降低系统温度。星载计算机运行于没有空气的太空环境，其系统散热不可能依靠风扇或者空调而主要靠热辐射进行。这使得降低系统温度非常困难。因此，为了保证系统有尽量低的工作温度，系统在设计的时候必须考虑低功耗特性。

（三）可靠性特征

所谓的可靠性指的是产品在规定条件下和规定时间内完成规定功能的能力。按产品可靠性的形成，可靠性又可分为固有可靠性和使用可靠性。固有可靠性是通过设计、制造赋予产品的可靠性。星载计算机系统在设计制造的时候需要尽可能大的提高其固有可靠性指标。使用可靠性既受设计、制造的影响，又受使用条件的影响。一般情况下，使用可靠性总低于固有可靠性。星载计算机的使用环境苛刻，其使用可靠性相对固有可靠性会更低。我们想要提高使用可靠性，首先要做到的就是提高系统固有可靠性。采用嵌入式技术设计的星载并行计算机系统强调实时应用的高可靠性。在设计星载计算机系统的时候，系统可靠性设计可从系统级、部件级、逻辑设计级、板图级四个角度综合考虑。

（四）容错性特征

容错性是一个与可靠性紧密相关的特性。所谓的容错就是指一个系统在运行时任何一个子系统发生故障时，系统仍能提供不间断服务的能力。这个问题涉及两个方面：一方面，来自对抗辐照特性的完善。虽然系统采取了抗辐照策略和设计方法，但是仍不能保证完全排除辐照的负面影响。一旦出现软硬件错误，系统不间断运行仍需要系统的可靠性设计策略来保证。这些策略主要包括冗余性、多层备份、可恢复性和预防性等。另一方面，系统发射上天后短时间内无法收回，甚至无法回收（如火星探测者）。此时如果没有可靠性和容错性设计策略的实现，那么系统将在遇到致命错误后很快失去工作能力。

(五) 高保证性特征

一个系统要具有高保证性，必须具备以下几个条件：第一，系统必须是容错的；第二，必须容易测试和验证；第三，系统必须足够灵活以应付各种不同应用、可靠性要求的改变，以及硬件技术的发展等因素带来的问题。一个高保证性系统的实现要具备以下几点要求：第一，分布式。如果系统采用分布策略，那么部分错误的产生将不会导致整个系统的失效。更进一步，它可以改变系统工作结点数以满足可靠性要求。第二，高自治。如果系统具有高度自治能力，那么分布的节点将可以灵活地采用独自操作或与其他节点协同操作。这同时也满足了各种不同应用的需求和系统的可靠性要求。第三，高可扩展。为了满足可靠性要求，系统要能够调整分布式节点的数量。第四，软件可移植。为了适应硬件技术的改变，软件可移植性必须很高。

三、星载计算机系统的发展特征及挑战

星载计算系统是指在各种航天器中运行的用于完成各种控制、通信和数据处理的计算机系统。它包括卫星、飞船各分系统所用的计算机，如姿态和轨道控制计算机系统、数据预处理、存储、压缩和发送的计算机系统等。星载计算机系统的发展主要体现在星载 CPU、星载数据处理、星载计算机总线的发展。20 世纪 80 年代以前，星载计算机芯片以开关量控制器为主，只能完成简单的控制动作。20 世纪 80 年代中后期，以互补金属氧化物半导体（CMOS）为主的 CPU 芯片（如 80C86 和 1753 等专用防辐射工艺芯片）开始应用于星载系统的管理控制。20 世纪 90 年代以来，专用数字信号处理芯片，如 AD21020、TI30 开始应用于星载设备仪器的数据处理。到了 21 世纪，经辐射加固的一些芯片开始应用于航天器和星务管理控制。星载计算机处理能力不断提高。我们可以看出由于航天辐射环境限制，星载计算机性能仍远远落后应用于地面的计算机。地面和星载计算机功能、性能和价格上存在有巨大差别。

卫星有效载荷发展需求一直是星载计算机处理技术发展的原动力。与地面计算机不同，星载计算机是一种嵌入式计算机。嵌入式计算机可分为三种类型，其包括强调灵活性的 CPU、强调功能专用的专用集成电路（application-specific integrated circuit，简称 ASIC）型，以及兼顾功能与灵活性的可重构计算机型。因为芯片由专门抗辐射工艺制成，所以它的进出口和应用受到严格控制。故此在目

前的形式下，我国很难采购到该系列产品。欧空局和美国的一些企业公司则将重点放在商业和工业级芯片的改造上，发展了一系列辐射加固和抗栓锁技术。经辐射加固和抗栓锁处理后，芯片可应用于各种轨道和不同使用寿命的航天器和卫星。这种方法无需专门芯片工艺生产流程，大大降低了研制成本、提高了系统可靠性、扩展了系统的应用范围。一直以来，专门生产工艺和非批量生产的市场约束限制了CPU、数字信号处理器（digital signal processor，简称DSP）和ASIC在航天领域的发展。而且随着半导体工业发展，80386、TI30、AD21020等芯片已停产或接近于停产。虽然从市场上取得的商业级电子器件具有高密度、低功耗、低成本、扩展性强等特点，但是它们通常既没经过严格的抗辐射测试，也没采用完善的抗辐射工艺。因此，我们直接从商用CPU、DSP中筛选航天应用芯片会遇到了很大的困难。目前，使用经过加固的商用CPU/DSP和基于FPGA的可重构计算系统已经成为了星载计算机的发展方向和未来发展的主流。

与通用计算机相比，星载控制计算机的突出特点是硬件上对外接口种类多、需要处理的数据量大，以及对系统可靠性要求非常高。在数据量方面，空间太阳望远镜每天采集到的数据超过1700GB。在可靠性方面，由于缺少大气层的保护，卫星和飞船将暴露在一个充满高能粒子和宇宙射线的环境中。它非常容易出现故障。因为人工维修的周期长、成本相当高，所以这势必要求星载计算系统具有较好的可靠性。在接口类型、海量数据处理和高可靠性三个特点中，保证星载计算系统的可靠性是最为关键的。与此同时，这也是设计者所面临的最大挑战。一方面，可靠性不高将使系统很容易出现故障。而一旦星载计算系统出现故障，这将使前面所有的努力功亏一篑。另一方面，空间环境下的恶劣工作环境使提高系统可靠性非常困难。目前，星载计算机常用的提高可靠性的方法主要是恰当使用避错技术和容错技术。避错技术是指通过各种方法和手段减少出现故障的概率。而容错技术则是从整机系统设计的角度来使系统在出现故障的情况下仍然能够完成既定任务，从而提高可靠性。避错技术包括以下两种主要方法：一种方法是选用高可靠性的元器件，如通过各种测试和筛选得到宇航级可靠性的元器件；另一种方法是合理使用降额运营准则。也就是说，我们可以通过降低系统性能的方式达到系统功能正常的目的。

容错技术的核心是使用给定器件构成高可靠性系统，用线性增加的冗余资源来换取指数增长的可靠性。冗余是指在正常系统运行所需的基础上增加多余资源的方法。根据对故障的处理能力，我们可将目前控制计算机的容错结构归纳为故障屏蔽、检测及系统重组型三种容错结构。通常情况下，容错理论将故障屏蔽定义为静态冗余。静态冗余或故障屏蔽型结构的特点是利用硬件、软件、时间、信息等冗余资源将故障影响掩盖起来，以保证系统正常运行为最终目标。N 模冗余是典型的故障屏蔽方法。三模一单模冗余是一个特例。它的实现是用结构完全相同的三个单机接受同样的输入，产生的三个结果送给表决器。表决器的输出取决于三个输入中的多数。倘若一个单机出现故障，那么另外两个正常单机的输出可将故障机的错误掩盖，输出仍然正确。但是如果某一单机出现永久性故障，那么我们必须及时切除该单机。否则当再有一台单机出现错误时，就可能造成错误表决或无法表决，这反而降低了系统的可靠性。此时，我们要及时将系统设定为单机系统。因此，我们称之为三模一单模容错结构。三模一单模容错结构的优点是其良好的故障屏蔽效果可以完全消除瞬时故障对系统的影响，也可以在单机出现永久故障时保持连续控制。它适用于控制周期短的场合。它较强的实时故障诊断能力和自主切换能力使之适用于对控制实时性要求较高场合。

为了适应 2 年以上寿命卫星对星载计算系统可靠性的要求，冷备份、冷热备份模块重组型容错计算机出现了。在容错技术中，相关学者将综合运用故障检测和诊断、静态冗余设计、系统重组、恢复运行等技术的结构称作动态冗余结构。它的特点是能检测出故障、定位故障、切除故障模块、启动冗余资源，并且使系统继续运行。同静态冗余技术相比，动态冗余技术可以减少空间辐射环境总剂量电离效应对计算机的影响，并且也可以提高系统长期运行的可靠性。这种用于星载计算机的容错结构的关键技术是要解决计算机系统重构时控制过程的连续性问题。这往往需要从控制系统整体采取措施，减小"间断"对控制系统的影响。另外，我们也可以综合运用静态冗余及动态冗余技术的特点，设置双机比较热备份、完整单机、重构单机，以及单机冷备份的多种工作模式。单从可靠性预计分析，这种容错结构的可靠度显然不如全冷备份结构，但借助系统结构的灵活配置可以处理不同问题。例如，在单粒子效应频繁出现的时期，我们可以采用双机热备份模式，通过双机比对消除瞬时干扰影响。

针对长期运行的要求，借助冷备份的方法可以减少空间辐射环境总剂量电离效应对计算机的影响。而模块级重组有利于进一步提高整机可靠度。一般来讲，容错结构设计中模式越多，对故障的处理能力就越强。但相应的代价是为完成多种模式的配置、组态，附加的电路越多、操作过程也越复杂。后者反映在软件设计中，将直接关系到软件的可靠性。因此，星载计算机设计中容错技术的应用是以提高系统可靠性为目标，权衡软硬件各种因素的结果。除系统级容错结构外，星载计算机设计中还在电路设计、软件设计中采取了多种容错措施。现有的各种技术能够在一定程度上提高星载系统的可靠性。但是随着人类对外层空间探索不断深入，星载计算系统所完成任务的不断复杂、环境更恶劣且使用寿命的要求却不断提高，现有技术日益显示出一定的局限性。因此，我们迫切要求研发新的技术以解决上述挑战。故此，可重构计算技术便是一种很好的选择。

第二节　星载高可靠性技术

一、可靠性原理

根据国家相关的标准规定，产品可靠性（reliability）指的是产品在规定的工作条件下、在规定的时间内保持与完成规定功能的能力。这里的"产品"包括任何系统、设备和元器件等。在评定一个产品的可靠性的时候，我们需要综合考虑其规定的使用条件、规定的工作时间和规定完成的功能等三个指标。目前，尚无定量可以精确测量系统可靠性的方法，我们只能通过研究、试验和分析的方法做出正确的估计和评定。

（一）可靠性的定量评价指标

可靠性的定量评价指标有其自己的特点。因为使用场合的不同，所以我们很难用一个评价指标来完全代表一个产品的可靠性。根据使用场合的不同，我们可以使用概率指标或时间指标来对可靠性进行定量评价。常用的可靠性指标包括可靠度、失效率、平均无故障时间、平均失效前时间、有效度等。

（二）可靠性评估手段

为保证星载计算机系统进行容错设计的有效性和检测其容错效率，我们需要在系统设计阶段采用一些可靠性评估技术来对容错加固后的系统进行测试和验证。因此，一项非常重要的任务就是对星载计算机系统进行可靠性的评估。同时，星载计算机系统软件和硬件复杂度的日益增加使得对其进行可靠性评价更加困难。目前，国内外对容错机制的验证主要包括分析模型法、现场错误数据分析法和故障注入方法，其具体内容如下：

第一种方法是分析模型法。它是根据被评估系统的设计结构、功能等为其建立合适的解析模型，根据实验或者经验得到模型的相关输入参数，最后通过数学计算来获得评估系统的可靠性数据。这种方法可以在系统设计之初来评估系统的可靠性是否达标，同时将相关数据及时的反馈给设计人员。随着研究模型与建模方法的不断发展，现在的很多模型可以用来对可靠性系统进行建模。当前，我们常用的模型包括组合模型、马尔可夫模型、故障树模型等。

第二种方法是基于现场错误数据测量的分析方法。这种方法记录系统在运行过程中发生错误和失效的情况，并且对这些数据进行统计分析。这种分析方法采用的是系统运行过程中的实际数据，包含了系统错误的所有消息。因此，该方法测得的系统可靠性数据最准确，更能真实反应系统实际运行情况。我们可以通过分析这些错误数据来了解系统真实运行过程中发生的错误和故障的详细情况。在使用这种测试方法的时候，我们需要解决以下两个关键问题：一个是如何能实时的检测出系统的错误和失效次数；另一个是如何根据所记录的数据分析故障情况。该方法必须在系统实际建立运行之后才能使用。与此同时，该方法不可能检测到系统所有的故障信息。

第三种方法是对测试的系统进行故障注入。它是按照人为事先选定的故障模型，用人工的方法有意识地对目标系统注入故障，以加速该系统的发生错误或失效。与此同时，我们要检测目标系统的反应信息，并且对这些反应信息进行分析。最后，我们要对系统的可靠性给出定性和定量的评价。它是一种基于实验的测评技术。相比于现场数据测量的方法而言，它不需要长时间地等待收集数据。它测得的可靠性数据比较准确且故障覆盖率高，已经成为评估系统可靠性的一种重要方法。

二、容错技术

容错技术是指当故障发生时，系统有能力进行处理并使结果不受影响。它的基本思想是在系统体系结构上精心设计，利用外加资源的冗余技术来达到屏蔽故障的影响，从而自动地恢复系统正常运行或达到安全停机的目的来达到高可靠性的目标。

（一）容错技术概略

容错技术的常用方法是冗余。冗余（redundancy）是指在普通系统运转所必需之外附加一定的信息、资源或时间。它可分为硬件冗余、软件冗余、时间冗余和信息冗余。硬件冗余容错就是利用冗余硬件容忍系统故障，它是当前应用最为广泛的容错方式。在硬件冗余容错中，我们可以根据冗余硬件的使用方式可以进一步分为主动硬件容错和被动硬件容错。主动硬件容错又可以称为静态硬件容错，它指所有冗余对象同时执行相同任务的冗余形式，通过表决器得到正确结果而实现容错。被动硬件容错又可称为动态硬件容错，它是通过故障检测、故障定位及系统恢复达到容错目的，正常情况下冗余对象不参与任务的执行。根据正常情况下冗余对象是否运转，它又可以分为热备份容错和冷备份容错。热备份容错指备用的冗余对象和被容错的对象一起运转。一旦被容错对象出现故障，冗余对象立即顶替其进行工作。冷备份容错指正常情况下冗余对象一直处于停止状态，出现故障时才开始运转工作。

软件冗余容错就是利用软件的冗余实现系统硬件故障和软件自身错误的容忍。它可以将一些关键软件复制多份或用不同语言和途径独立编写，然后存于不同的存储器中。我们可以利用多重软件实现同一功能以达到容错的目的。

常用的软件冗余容错方法包括恢复块法和 N 版本程序结构两种。恢复块法就是一种基于动态冗余的容错恢复技术。恢复块法由一个基本块、若干个替换块和验收程序组成。工作是运行在基本块，由验收程序对其输出结果进行验收。如果它测试通过，那么输出给后续程序块，否则调用替换块直到正确或替换块用完为止。N 版本程序结构是一种静态容错技术，由 N 个实现相同功能的相异执行程序和一个管理程序组成。它在规定的交叉检查点上进行计算结果表决来实现故障的检测和屏蔽。

时间冗余容错技术是利用时间的冗余减少硬件冗余的容错方式。它的基本思想是重复执行计算以检测故障。在一些应用领域，时间资源相对比较充裕。而硬件资源或软件资源却由于成本、功耗、体积及重量等因素的限制相对短缺。这时的时间冗余相比其他冗余方法就更有优势。根据其重复计算的级别是在指令级还是在程序段级别，时间冗余可分为指令复执及程序卷回两种。时间冗余可被用来检测瞬时故障、永久故障和纠错。信息冗余容错技术是通过在数据字中附加容错的编码或通过把数据字映射至含有冗余的编码中。它主要包括奇偶校验码、n 中取 m 码、重复码、校验和、循环码、算术码和汉明码等这几种形式。检查点技术也是信息冗余容错技术的一个方面。在出现故障时，它利用记录的检查点信息使系统恢复正常。在实际应用中，我们要利用容错技术来对系统进行加固处理。我们必须根据系统的特性、所要求的可靠性指标和系统建造成本等因素来选择合适的冗余方式或者综合使用几种冗余方式。在满足系统所需可靠性的前提下，我们要尽量减少建造成本，在系统可靠性指标及建造成本之间权衡利弊、决定取舍。

（二）检查点技术

检查点技术是容错系统中常用的一种容错加固技术。我们通过在系统任务中定期或者不定期的插入检查点，将系统的运行状态保存到存储器中。当系统运行过程中检测到故障发生时，任务就返回到最近一个检查点处继续执行。这可以有效减小系统恢复的重复量。在系统发生故障时，如果我们不使用检查点技术，那么任务的平均执行时间将随着任务的有效执行时间（也就是不发生故障时任务所需要的执行时间）呈指数增长。而当采用固定间隔的检查点技术后，任务的平均执行时间则呈线性增长。除此之外当两次故障间隔时间小于任务的有效执行时间时，如果我们不采用检查点技术，那么系统任务很难完成。检查点技术根据不同的标准可以进行不同的分类，其主要内容如下：

第一，在线检查点和离线检查点。离线检查点是在任务开始执行前就确定检查点的位置和间距。当前的容错系统中大多采用离线检查点。它的缺点是在系统程序任务时不能根据故障的发生情况自适应的调整检查点的间隔和位置。在线检查点与此相反，它可以根据故障的发生情况自动调整检查点的频率和位置等。然而，当前的技术只能以概率的形式保证任务满足时限要求，同时其实现难度大，不能满足于任务的要求。

第二，等间距检查点和可变间距检查点。根据检查点设置的间距是否相等，检查点又可分为等间距和可变间距检查点。其中，等间距检查点通常应用在离线检查点方法中，其采用固定长度的检查点间距。可变间距检查点通过应用于在线检查点方法中，它的间距可根据故障发生情况进行调整。

第三，固定开销检查点和可变开销检查点。固定开销检查点是假设系统任务中所有的检查点处的时间开销都相同。可变开销检查点假设系统检查点的开销与其位置、时机等因素有关，其在当前容错系统应用较少。

（三）容错的基本进程

容错就是利用外加的冗余资源来掩盖系统故障的影响。当一个冗余系统发生故障时，它的基本容错过程包括以下几个阶段：第一，故障限制，在这个阶段，我们要限定故障的传播范围防止故障对其他区域的污染；第二，故障检测，快速检测系统故障，减小故障潜伏期；第三，故障屏蔽，掩盖故障对输出数据的影响；第四，重试，重复进行操作来消除对未引起物理损坏的瞬时故障的影响；第五，诊断，确定故障的位置并掌握故障的属性；第六，重组，通过切换部件或降级等方式对系统进行重组；第七，恢复，在检测和重组后使系统操作回到故障发生前的处理点；第八，重启，当恢复不能消除故障的影响时，对系统进行热重启（从故障检测点恢复所有操作）或冷重启（重新引导启动系统）；第九，修复，对系统进行修复。修复可分为在线修复和离线修复；第十，重构，将修复的部件加入系统。

从系统发生错误到故障被检测出来所用的平均时间称为平均检测时间（Mean Time to Detect，简称 MTTD）。从故障被检测出来到系统修复完成所用的平均时间称为系统的平均修复时间（Mean Time to Repair，简称 MTTR）。从故障第一次发生开始到第二次故障发生为止所用的平均时间为平均无故障时间（Mean Time Between Failure，简称 MTBF）。

（四）实时性系统的容错

实时性是指在一个确定的时间内对外部或者内部产生的事件做出响应，并且在规定时间内完成这种响应及处理。能满足实时性要求的系统即为实时性系统。牛津计算技术字典对实时性系统给出了定义。实时系统指系统输出的产生时间具有决定性意义的系统。这是因为系统的输入来自于物理世界的某个动作。输出是对该动作的响应。输入和输出间的延迟必须小于某个确定的时间间隔。因为星载计算机系统需要在规定时间之内完成姿势控制、数据处理等相应的星载任务，所以其属于实时性系统。对于不同的系统或者任务，系统的实时性要求也不同。例如在工业过程中，控制大都要求实时系统在一秒内响应外部输入。而对于星载计算机系统，当系统运行航天器姿势控制等的任务时，它的实时性要求很高。我们一般要求星载计算机系统在数毫秒的时间间隔内完成对输入的响应并进行正确的控制输出。这就需要进行专门的系统实时性的设计，它包括设计更合理的系统结构、使用速度更快的总线和存储设备、采用实时性操作系统等。

相对于其他计算机系统而言，实时系统的可靠性要求更高、更严格。例如，个人电脑应用程序在运行某一系统程序时失败，放弃该程序的执行损失的只是任务失败前所消耗的系统资源。而对于实时系统，这种结果往往不可接受。例如对于星载计算机系统而言，在错误出现的时候，系统必须能够进行实时容错或者降级运行。我们要保证系统任务的正确执行。因为放弃对航天器的控制的做法将造成巨大的损失甚至导致整个航天器功能失效。因此，实时系统必须具有出错导向安全的特性。也就是说在系统发生故障时，我们要可以通过容错或者降级等措施来保证输出结果的正确性，不会造成重大的损失。目前，常用的容错系统往往采用多单元冗余的结构进行系统容错设计。系统的输出需要经过多个计算单元的表决判定，以此来保障输出结果的正确性，并且提高系统的可靠性。而系统的表决判定和比较数据的传输等都需要额外的时间开销。这也大大降低了系统的实时性。因此，在星载计算机设计的过程中，我们应该综合采用各种避错和容错技术。我们要做到保障系统高可靠性的同时，又能减小实时性的开销。

三、星载高可靠性技术的特征

因为星载计算机工作环境的特殊性及其工作任务的重要性，所以星载计算机的高可靠性设计也有其不同于一般可靠性系统的特点。

首先，作为航天器的一个组成部分，星载计算机的设计受到整个航天器质量和功耗的约束。航天器的质量关系到运载阶段的难度、风险和成本等因素。因此，星载计算机在设计阶段必须考虑的第一个因素就是其体积、重量等。我们要求星载计算机的体积小、重量轻；其次，航天器在轨运行阶段主要依靠太阳能作为能量来源，所能获取与存储的能量有限。因此，星载计算机在设计时必须尽量满足低功耗的要求。与此同时，星载计算机工作的太空环境具有温度低、温差大、辐射强等特点。这些因素使得星载计算机的故障发生率大大增加。作为航天器的核心部件，星载计算机的可靠性直接关系到整个航天器能否正常工作。而且在系统运行过程中，星载计算机往往不能像在地面上的系统一样方便地进行检测和维修。因此，星载计算机必须具备很强的容错能力与在线修复能力，以保证系统在发生故障时能够快速自动检测、隔离和恢复；最后，太空技术应用的不断发展与太空任务复杂性的不断提高也对星载计算机的计算性能及可扩展性能提出了越来越高的要求。在设计高可靠性的星载计算机系统时，我们必须在满足其可靠性指标的前提下，综合考虑以上各因素、分析各指标要求、设计生产最合理的星载计算机系统。

四、星载计算机容错具备的结构

星载计算机高可靠性技术不同于一般可靠性系统的特点，要求在对星载计算机系统进行加固时必须采用一些特殊的加固措施。目前，用来对星载计算机进行加固的方法主要包括以下两种：一种是纯粹采用专用的航天抗辐照器件和策略。用这种方法构造的系统往往采用性能相对较低的抗辐射微处理器。同时为避免辐射，我们也会采用各种复杂的硬件检错和纠错机制。它的成本和功耗都很大；另一种是采用商用器件技术配合冗余的系统结构搭建出高可靠性的星载计算机系统。根据系统冗余部件的数量不同，它又可分为双模冗余和三模冗余等。用这种方法构造的系统对硬件要求不高，商用器件容易获得，同时处理器性能也较高。但是我们需要设计科学合理的系统结构。经实验证明，使用商用器件配合科学合理的系统结构可以达到与专用抗辐射构造的系统相同数量级别的可靠性能。根据冗余数量的不同，常见的星载计算机系统可分为双机备份结构、双模冗余结构和三模冗余（Triple Modular Redundancy，简称 TMR）结构等。

（一）双机备份结构

双机备份是提高星载计算机系统可靠性的一种有效途径，其设计相对简单，实现难度较小。故此，它在我国当前的小卫星设计中应用较多。根据冗余对象是否运转，常见的双机备份有四种工作方式，其主要包括双机冷备份、双机热备份、双机温备份及双机双工。其中，双机冷备份的工作方式是指工作机上电工作，备用机不上电且处于等待状态。当工作机发生故障后，备用机加电启动来接替工作机工作，并且对工作机进行故障诊断、维修等。修复后的工作机去电后变成备用机。工作于双机冷备份方式的小卫星必须有监控模块来监视工作机的运行，需要模拟电路以实现安全模式，不利于系统的小型化。同时在发生故障的时候，它需要地面人工干预才能进行恢复。这会大大增加系统的恢复时间，对于维持系统的姿态控制是不利的。因此，它的实时性最差。但是它却有功耗最低的优点。

双机温备份的方式是指双机同时加电，工作机正常工作，备用机处于等待状态。当工作机发生故障时，系统进行切换。在这个时候搜，备用机替代工作机进行工作，并且对工作机进行故障诊断和修复。它的实时性相对冷备份方式有很大提升。但相比热备份方式稍长，它比较适用于姿态变化较慢的小卫星。

双机热备份的工作方式是指工作机和备用机同时加电工作，但是只有工作机的结果进行输出，备用机的结果不输出。一旦工作机发生故障，系统进行切换，将备用机的结果进行输出。待工作机故障修复完毕，它就转为备用机。相比其他两种，它的实时性最好，可以很快执行故障恢复。但是由于双机同时运行，这增加了系统的失效率和功耗。而且在结果发生错误时，我们无法判断故障机。故此，这种做法就增加了故障检测和诊断的开销。

双机双工的工作方式其实也就是系统工作于双模冗余的状态，它是指双机同时工作。两机的输出结果比较之后进行选择输出。与热备份方式相比，两者都要求两机同时工作，不同的地方就在于输出结果的选择上。热备份是将工作机的结果作为输出，当工作机发生故障时，输出备用机的结果。双机双工是将两者的结果比较之后再进行选择输出。

（二）双模冗余的星载计算机系统结构的运用

双模冗余的星载计算机系统结构应用于创新一号小卫星的星载计算机系统。它在硬件上主要采用了双机冗余热备份的工作方式，由切换逻辑进行双机切换控制，采用集中管理模式并同时完成数据管理和姿态控制的功能。双模冗余系统是通过增加一套同构的硬件设备来提高系统的可靠性。双机之间同步工作、同步的采集数据且对数据进行处理，同时产生数据输出。系统通过设置一个表决器对输出数据进行比较，以此来检测系统的故障情况。当双机输出数据结果相同时，这表明系统处于正常工作状态。当输出数据比较结果不相同时，这表明系统发生故障。此时的系统会采用卷回机制（rollback）进行故障恢复。双模冗余可使星载计算机系统获得较高的可靠性，同时它也是系统获得长寿命的较佳选择。当前，我国的小卫星多半采用这种系统结构。但是它的缺点也是显而易见的。当系统发生故障时，我们并不能判断故障机，只能通过卷回机制进行恢复。因此，系统不具备容错的功能。它不适合用于对系统可靠性及操作实时性要求很高的航天器和航天任务中。

（三）以硬件表决为基础的三模冗余结构

在三份同样的数据输入到三个 CPU 里面的时候，CPU 会对数据进行处理。

随后，系统将输出数据同步输出到硬件表决器。最后，硬件表决器根据三选二的原则选择合适的数据进行输出。系统正常工作的前提是每一时刻系统中最多存在一个故障。为保证硬件表决数据的正确性，我们需要确保三个输出数据同步输出。三模冗余系统采用三套同构的设备进行数据处理。数据输出根据三选二原则进行表决选择。它的数据输出的实时性较高。但是为确保数据同步的输出，我们需要设计复杂的同步器件和策略。同时作为系统中的重要组成部分，硬件表决器并不存在冗余部件。这就使得整个系统结构存在单点故障的可能性。当硬件表决器发生故障的时候，整个系统将无法正常运行。同时因为硬件构成的表决器，所以在发生硬件故障的时候，我们将很难对其进行恢复。为解决这个问题，现在的很多学者也对系统表决器进行了相关的研究。

（四）以软件表决为基础的三模冗余结构

基于软件表决的三模冗余系统是由每个冗余的计算单元分别调用软件表决程序对三个计算单元的运行数据分别进行表决。它可以解决硬件表决模块所存在的单模故障的问题。为使每个冗余单元都可以调用表决程序进行表决，每个计算节点都应保存有三个节点的运算数据。这需要在三个计算节点之间设置通信模块来进行数据交换。

（五）几种结构间的对比

综合对比以上几种结构，双机备份的结构实现难度相对较小。然而，它缺乏容错性能，只能检测出系统故障。故此，它的可靠性相对较低。而对于三模冗余系统而言，两种不同的表决模式的区别及优缺点大致可归纳如下：

第一，表决和同步。传统的硬件表决器是按位进行比较表决的。因此，它对系统各冗余模块的时钟要求较高，它要求各冗余模块的时钟严格同步。要实现这样的系统，我们需要设计专用的容错时钟，系统实现难度大。而对于软件表决模式，它的表决过程是按字进行的。因此，它允许各冗余模块在同步过程中存在一定的时间异步度，即所谓的松散同步。它的实现难度相对较小；第二，附加代价。硬件表决模式按位进行表决。当系统发生故障时，它可以在第一时间检测出故障。虽然它的系统实时性较好，但是硬件开销比较大。软件表决模式需要各计算单元上都保存有三个冗余模块的计算数据。因此，为了实现模块间的表决，我们必须为其各模块间配置相应的通信机制，以完成表决和同步等数据信息的传送。

由于存在数据通信的代价，系统功能运行的实时性相对较差。同时由于基于软件表决，它的软件程序的规模相对较大；第三，相关错误的影响。相关错误是指由于外部环境的影响使得系统中的某些单元产生相同的故障或错误，从而使系统产生错误的输出结果。在硬件表决模式中，各冗余模块间是时钟严格同步的，易产生相关错误。而软件表决模式由于各冗余模块之间是松散同步的，这可以在很大程度上避免此类错误的发生；第四，系统灵活性。硬件表决模式不适用于 N 版本程序设计的系统中，也很难实现在高可靠性容错计算与分布式计算两种工作模式间的切换。而软件表决模式在这些方面的灵活性较大。

综合考虑以上各因素，采用基于软件表决的三模冗余结构的星载计算机系统无疑具有最大的优势。相比于双机备份系统而言，它具有容错功能。在单机发生故障的时候，它仍然可正常工作，系统可靠性更高。对比于硬件表决的三模冗余系统，它的设计难度相对较小，可以避免相关错误的影响。与此同时，它的系统又具有很大的灵活性。

第三节 空间环境下的星载计算机体系结构

一、空间辐射环境

电子系统在航天领域的应用越来越广泛。而空间辐射环境对电子系统的影响是不可忽视的。辐射会使器件的性能参数发生退化，并且导致失效。它会影响卫星的正常运行，以致缩短卫星的寿命。据卫星资料统计，它的异常记录中有 70% 是由空间辐射环境引起的。

（一）空间高能带电粒子所处的环境

空间中的高能带电粒子主要来自银河系的银河宇宙线、太阳爆发时的太阳宇宙线、被地磁场捕获的地球辐射带粒子，以及由于磁扰引起的磁层沉降粒子。这些带电粒子构成了航天器轨道上的高能带电粒子环境。银河宇宙线是来自太阳系以外的高能带电粒子流。进入日层以后，由于受行星际磁场的调制，它的强度有一定的梯度。它从日层边缘向内逐渐减弱。在磁层之外、在太阳活动低年，银河宇宙线的强度约为 4 个粒子 / （$cm^2 \cdot s$）。银河宇宙线的主要成分是质子，约占总体的86%，其次是氦核。除此之外，银河宇宙线的成分还包括少量的重离子成分。太阳宇宙线是在太阳发生剧烈活动时发射出的高能带电粒子流。因为它的绝大部分是由质子组成的，所以它又叫做太阳质子事件。太阳质子事件的发生具有很大的随机性。在从太阳表面到地球的传播过程中，它又受到太阳风和行星际磁场的强烈调制作用。因此，它可以表现出强烈的空间分布不均匀性和突发性。

地球辐射带是由地磁场捕获的带电粒子组成的。根据捕获粒子分布在空间的不同位置，它可分为内辐射带和外辐射带。距离地球表面较近的称为内辐射带，它主要由质子和电子组成，另外还有少量的重离子存在。离地球表面较远的称为外辐射带，它主要由电子构成。此外，能量很低的质子也是存在的。实际地磁场偏离偶极子磁场。在磁场强度低于偶极子磁场的负磁异常区，辐射带下边缘的高度较低。在200km左右高度上，辐射带粒子是存在的。而在磁场强度高于偶极子磁场的正异常区，辐射带下边缘出现在1500km左右的高度。

（二）SEU的产生原理

SEU的英语全称为Single Event Upset，它的汉语意思为单粒子翻转。SEU发生的根本条件是粒子在器件灵敏区中沉积足够的能量，从而产生足够的电离电荷。这需要有足够大的线传能密度（Linear Energy Transfer，简称LET）值的高能带电粒子。银河宇宙线和太阳宇宙线的高能重离子均满足这一条件。虽然高能质子本身的LET值不大，但是其与芯片半导体材料发生核反应所产生的次级重离子具有较大的LET值。它也能够在芯片灵敏区中沉积足够的能量。因此，高能质子也会产生SEU。当高能带电粒子通过微电子器件的灵敏区时，在粒子通过的路径上将产生电离电荷，沉积在器件灵敏区中的电荷部分被电极收集。在收集到的电荷超过电路状态的临界电荷的时候，电路就会出现翻转，出现逻辑功能的混乱。

（三）SEU效应概略

在空间环境下，高能粒子辐射产生的SEU会引起电路中的触发器和存储单元的翻转。它会改变双稳态存储器单元的状态，使存储信息丢失。SEU可使存储器单元的一位码出错，也可使多位码一同出错。因为SEU导致存储器单元状态的改变属于非永久性故障，所以我们可以确定存储器在空间的故障模式是非永久式单位错故障。我们可采取相应的措施检测并消除这种故障。由带电粒子投射到集成电路器件的敏感区域引起的效应通常会导致处理器内部寄存器内容改变或内存位翻转。它带来的后果可能是计算结果错误与程序执行序列错误，甚至是系统的崩溃。

二、COTS 技术在星载计算机中的运用

（一）星载计算机概略

在国外航天领域，星载计算机的应用也已经非常普遍。因为空间环境中存在着大量的带电粒子，因此，计算机会受到电磁场的辐射和重粒子的冲击，其相互作用会产生各种效应。这将引起卫星工作的异常或故障。基于 COTS 的星载计算机子系统设计的目标之一就是成本低、质量小，以及研制周期短，使用商用元器件和开发工具可以更好的支持这一思想。星载计算机运行在空间辐射环境中，若CPU 遭受 SEU，这易于导致数据处理结果的错误和指令的执行次序的混乱。而存储器在遭受 SEU 的时候，这可能会导致存储器数据内容的读写错误，从而影响程序的正确执行。星载计算机上的 FPGA 也可能遭受 SEU 效应的影响。这会导致逻辑配置电路的错误或者逻辑计算结果的错误。

（二）COTS器件的选用

元器件应具有较高的可靠性和集成度、较低的功耗等特点。为了方便实验和研究，它还应拥有民品到军品各种级别的系统产品。所有元器件的选用应在满足性能目标的前提下，结合先进技术和工程实现成本综合考虑。

1.CPU 的选用

对于一个计算机系统来说，中央处理器（CPU）的性能直接关系到整个系统的功能和处理能力，所以其选择至关重要。我们应该从以下几个重点因素进行分析：

第一，可靠性。对于航天器上的 CPU，安全可靠是必须满足的首要条件。应用于航天器上的电子元器件的温度范围一般应为军品级，至少不低于航空级；第二，处理能力。CPU 的处理能力不是一个绝对的指标，具体的场合应根据需要并留有适度的余量即可；第三，货源。CPU 的选择对整个计算机系统的性能至关重要。但是除了性能之外，可靠的货源也是必须考虑的因素之一。更何况目前我国还不具有生产高性能 CPU 的能力，CPU 被迫走上了引进的道路。相关系列的产品都是从商业级到宇航级。然而，高性能的军品 CPU 由于进口渠道不畅、缺乏可靠的军品供货商，因而很难做出一种完美的选择；第四，成本。成本的因素至

少包含几个方面的内容。对于一个全新的计算机平台的硬件开发，仿真器的引进是必须的。技术开发的延续性也是一个重要因素。

RISC 的英文全称是 reduced instruction set computer，中文是精简指令集计算机。ARM 即以英国 ARM 公司的内核芯片作为 CPU，同时附加其他外围功能的嵌入式开发板，用以评估内核芯片的功能和研发各科技类企业的产品。ARM 系列的 CPU 为 COTS 器件，符合低成本、高性能的设计思想。ARM 微处理器及技术的应用非常广泛，已经深入到工业控制、无线通信、网络应用、消费类电子产品、成像和安全产品，以及航天等各个领域。全球范围内已经几十家大的半导体公司都使用 ARM 公司的授权，因而使得 ARM 技术获得更多的第三方工具、制造和软件的支持。同时，它又使整个系统成本降低，更具有竞争力。嵌入式 CPU 的最佳选择是 ARM 系列。采用 RISC 架构的 ARM 微处理器一般具有如下特点：第一，体积小、低功耗、低成本、高性能；第二，能很好的兼容 8 位 /16 位器件；第三，大量使用寄存器指令执行速度更快；第四，大多数数据操作都在寄存器中完成；第五，寻址方式灵活简单、执行效率高；第六，指令长度固定。

ARM 系列微处理器在高性能和低功耗特性方面提供了最佳的性能，并具有以下特点：第一，指令执行效率更高；第二，支持 32 位 ARM 指令集；第三，支持 32 位的高速总线接口；第四，支持多种主流嵌入式操作系统；第五，支持实时操作系统；第六，具有更高的指令和数据处理能力。不同厂家可通过 ARM 公司的授权生产各种兼容的 ARM 系列 CPU，因而这种 CPU 的生产商都非常多，货源充足。

2. 存储器的选用

存储器的选用包括以下两种：一种是同步动态随机存取内存（synchronous dynamic random-access memory，简称 SDRAM）的选用。SDRAM 存储器中的数据主要是操作系统和用户进程存储的变量、数据和系统堆栈。对于星载计算机上的 SDRAM，它具有功耗低、速度快等特点。如果 SDRAM 中的数据错误，我们可以通过软件进行检测并纠正；另一种是 FLASH 的选用。星载计算机平台系统的程序和数据都保存在 FLASH 存储器里。FLASH 的灵活性很好，可以用于软件的在轨更新，但它容易受辐射的影响。因此，我们可以采用附加的冗余设计来消除 SEU 的影响。

三、星载计算机体系结构设计

（一）星载计算机系统具备的功能

作为小卫星控制系统的核心，星载计算机平台是一个典型的实时嵌入式系统。它负责航天器的阵列飞行、姿态调整、飞行操纵、遥测遥控和数据通信等。该平台系统的总体结构主要由三部分组成：第一，嵌入式硬件平台；第二，大容量片外存储器；第三，外部总线及接口。外部存储器包括以下两种：一种是Flash存储器。它用于存放系统程序和用户程序。因为这些程序有可能需要在线更新，所以我们采用可擦写的Flash存储器；另一种是静态随机存取存储器（static random-access memory，简称SRAM）。它用于存放临时的数据。因为系统运行时频率很高，所以我们必须采用高速SRAM来提高数据读写的速度，以免其成为系统的瓶颈。

（二）星载计算机系统拥有的硬件架构

星载计算机系统的硬件架构包括以下三种：第一，CPU模块。CPU模块是星载计算机的平台任务处理核心，负责遥测、姿态控制等星务控制和信息的处理。除此之外，系统软件也在此模块中运行。为了提高整个系统的可靠性，我们可以对CPU拟采用系统级的双机容错设计方案。故此，设计存在两个相同的CPU模块。系统所需的有线网口和用于外接USB无线网卡的USB接口均设计在各CPU模块中；第二，接口模块。接口模块主要完成两个功能：一个是负责监控双机工作情况，并且完成双机容错的仲裁器功能；另一个是负责向系统外部提供各种所需的设备接口，其中包括两个串口和一个USB接口；第三，电源模块。电源系统是一个相对独立的系统，负责供电和功耗管理，并且对系统的其他部分进行实时监测。当其他系统发生异常的时候，监测机制可以检测到并对其进行重启。但是当计算机系统本身发生异常的时候（即硬件故障），它只能由电源系统对其进行重启。

（三）星载计算机相关的系统软件设计

软件平台是星载计算机的重要组成部分，其应当具备实时、分布式、容错和电源管理功能。除此之外，它还要提供以下几项内容：第一，提供基于优先级的实时事件驱动机制；第二，提供分布式支持。它包括在分布式环境下的多任务支持、时间管理、资源管理、通信管理、容错处理；第三，提供基于优先级的事件驱动的调度。微小卫星的控制是基于事件的控制。事件包括紧急事件和一般事件。因此，我们必须对事件按优先级分类，按不同的优先级进行响应和处理。中断响应应该满足实时任务的需求。飞行控制任务是一个实时任务，并且是强实时任务。一些紧急的事件必须及时响应，并且我们要在规定的时间内完成对这些紧急事件的处理；第四，提供实时时钟支持。实时时钟提供了系统的时间。许多任务必须有实时时钟的支持。飞行协同控制算法是一个计算密集型的算法，系统中可能需要数学协处理器；第五，提供 I/O 设备接口管理功能。在系统中有数字接口和模拟接口，这些接口中有并行接口，也有串行接口。它必需提供一定的机制来实现对这些接口的驱动和管理；第六，必须提供航天环境下的大容量存储设备管理（mass storage device management，简称 MSDM）。在微小卫星上可能有大容量的存储设备，它用于存储采集到的大容量数据块，如遥测数据包。故此，操作系统应当具备大容量存储设备的管理功能；第七，提供高级语言接口、开发调试工具，以及科学计算库。在设计星载计算机系统时，我们需要用高级语言进行程序设计。也就是说，在这个过程当中，我们需要获得高级语言的支持。系统的控制算法需要数学运算，也需要有科学计算库的支持来实现一些数学运算功能，如定点计算功能、浮点计算功能、矩阵运算功能等。相应的科学计算库必须符合相关科学运算标准。相关学者设计的是一个适应多种航天任务需求的分布式航天器系统软件。计算机可能采用多种类型的 CPU；第八，提供对多种 CPU 的支持。系统内核模块是可裁剪和可组合的。这可以确保它能够适应不同的硬件环境和任务。可裁剪和可组合的内核给星载计算机的设计提供了灵活性，并且使得操作系统使用的存储空间可以尽可能小，也节省了系统资源；第九，提供容错支持。操作系统本身应当具备一定的容错能力，同时提供一些必要的机制，使上层软件能够处理一些非正常情况；第十，提供电源管理支持。一些机制的提供可以实现电源的关闭、系统运行频率的降低等。

目前，国内外小卫星领域的研究热点就是研制基于 COTS 技术的星载计算机。因为星载计算机工作在恶劣的空间辐射环境中，所以可靠性设计成为了首要的前提。相关学者通过引入 COTS 技术，提出了一系列 COTS 器件选型的标准和原则。相关学者在保证系统可靠性的前提下（采用合适的空间防辐射加固技术），降低了开发成本。这极大提高了系统性能。

参考文献

[1] 张则剑. 云计算技术在计算机数据处理中的应用分析[J]. 信息技术与信息化, 2019（03）: 54-58.

[2] 林丽娜, 吴土文. 电子通信行业技术能力创新性前景研究[J]. 信息通信, 2019（03）: 256-257.

[3] 王树平, 张勇, 高荣昊. 关于运营商云计算技术应用探析[J]. 信息通信, 2018（10）: 245-246.

[4] 周甫. 云计算技术在计算机网络安全存储中的应用[J]. 无线互联科技, 2018, 15（17）: 153-154.

[5] 李可, 尤洋. 基于云计算技术的公安信息系统整合探讨[J]. 信息与电脑（理论版）, 2018（15）: 10-11.

[6] 杜昊. 云计算技术在医院信息化建设工作中的应用[J]. 计算机产品与流通, 2018（08）: 259.

[7] 翟丽娜. 试论云计算技术在计算机网络安全存储中的应用[J]. 电子测试, 2018（14）: 79-84.

[8] 曾振华. 云计算在智能分析中的应用研究[J]. 电子商务, 2018（07）: 27-28.

[9] 祖悦. 云计算技术在高校人事数据信息化建设中的应用[J]. 中外企业家, 2018（14）: 235.

[10] 樊春年. 浅谈高校信息化建设中的云计算技术[J]. 技术与市场, 2018, 25（05）: 185.

[11] 刘碧莹, 陈辉发. 云计算对企业会计信息披露的影响研究[J]. 财会通信, 2018（10）: 113-116.

[12] 李尚东，向灿. 云计算技术发展分析及其应用探讨[J]. 数字技术与应用，2018，36（03）：221-222.

[13] 牛鹏程. 云计算技术对现代企业管理作用的影响[J]. 电子技术与软件工程，2018（03）：170.

[14] 李潇雯. 基于云计算技术下的大数据挖掘平台研究[J]. 计算机产品与流通，2018（01）：21-24.

[15] 陈倬. 物联网、数据融合和云计算技术在煤矿安全生产预警平台上的应用[J]. 数字技术与应用，2018，36（01）：95-96.

[16] 薄小永，许薇. 售电市场中的云计算技术（三）：典型应用与面临挑战[J]. 产业与科技论坛，2018，17（01）：45-47.

[17] 姜思加. 大数据、云计算技术对审计的影响解析[J]. 湖南税务高等专科学校学报，2017，30（06）：46-48.

[18] 郑坤，刘宏宇，李琪，等. GIS专业云计算人才培养模式探索[J]. 测绘通报，2017（11）：148-154.

[19] 王红梅. 智慧校园中大数据及云计算技术的应用[J]. 无线互联科技，2017（22）：145-146.

[20] 胡文利. 计算机网络安全存储中云计算技术的应用[J]. 传播力研究，2017，1（11）：246.

[21] 顾弘. 云计算技术IDC系统实践与应用分析[J]. 江苏通信，2017，33（05）：52-55.

[22] 黄伟. 物联网和大数据及云计算技术在煤矿安全生产中的应用研究[J]. 电子世界，2017（18）：88.

[23] 杨秀云，刘露，郭磊，等. 高校云计算数据安全问题与防范[J]. 网络安全技术与应用，2017（08）：113-114.

[24] 吴梨梨. 数据挖掘技术在学生专业倾向性分析中的应用[J]. 淮南职业技术学院学报，2017，17（04）：106-107.